国家自然科学基金项目“矿工不安全行为的社会网络传播过程研究”(51604216)资助
教育部人文社科项目“基于数据挖掘技术矿工群体不安全行为识别与仿真”(21YJA630050，23XJC630011)资助
陕西省社会科学基金项目“大数据时代突发公共事件的舆论引导研究”(2020R010)资助

基于文本挖掘的矿工不安全行为知识可视化与关键诱因研究

李 琰 著

中国矿业大学出版社
·徐州·

内 容 提 要

本书利用文本挖掘技术识别事故调查报告中不安全行为和不安全行为的诱因特征，构建不安全行为和诱因间的特征词，共现矩阵和网络模型。本书从宏观层面梳理不安全行为及其诱因共现网络的整体相关性、重要性，从微观层面探究诱因与不安全行为的关联关系，最终建立包括指标体系、模型构建、模型评估等三大体系在内的基于模糊贝叶斯网络的矿工不安全行为风险评估模型。

本书可作为高等院校安全工程及相关专业的参考书目，也可作为从事安全科学、安全管理及其研究工作的科技工作者的参考书，并可供政府部门或企业相关安全管理人员参考查阅。

图书在版编目(CIP)数据

基于文本挖掘的矿工不安全行为知识可视化与关键诱因研究/李琰著.—徐州：中国矿业大学出版社，2023.9

ISBN 978-7-5646-5963-9

Ⅰ.①基… Ⅱ.①李… Ⅲ.①煤矿—矿山安全—安全管理—研究 Ⅳ.①TD7

中国国家版本馆 CIP 数据核字(2023)第 183125 号

书　　名 基于文本挖掘的矿工不安全行为知识可视化与关键诱因研究
著　　者 李　琰
责任编辑 齐　畅　陈　慧
出版发行 中国矿业大学出版社有限责任公司
(江苏省徐州市解放南路　邮编 221008)
营销热线 (0516)83885370　83884103
出版服务 (0516)83995789　83884920
网　　址 http://www.cumtp.com　**E-mail**:cumtpvip@cumtp.com
印　　刷 徐州中矿大印发科技有限公司
开　　本 787 mm×1092 mm　1/16　**印张** 10　**字数** 196 千字
版次印次 2023 年 9 月第 1 版　2023 年 9 月第 1 次印刷
定　　价 36.00 元

目　录

第1章 绪 论

1.1 研究背景

1.1.1 煤矿安全生产形势不容乐观

我国能源结构的特点是煤炭资源丰富，但石油和天然气匮乏，这决定了我国以煤炭为主要能源的格局不会轻易改变。煤炭是我国经济建设和社会发展的基础和保障，煤炭消费总量与国民生产总值之间存在很强的正相关关系。煤炭消费总量每上升 10%，国民生产总值增长率就上升 5.6%。因此，煤炭资源在我国能源结构中的主导地位及其与国民生产总值之间的正相关关系，确定了煤炭行业的重要性。由于社会经济的飞速发展，对煤炭产业发展的需求也逐步增加，因此保证煤炭行业的稳定性与健康性也就尤为重要。煤炭是我国现已勘探查明的化石燃料中储量最高的，占比超过 90%，在我国非可再生能源结构中处于绝对位置。相关统计数据显示，2021 年我国煤炭产量千万级以上的企业有 36 家，产量在 1 亿吨以上的有 6 家。2020 年，我国原煤产量 39 亿吨，同比增长 1.4%(见图 1-1)。煤矿生产逐渐向产业集中化和现代化发展，对促进国民经济的发展发挥着积极作用。

近年来，我国的煤矿安全管理取得了重大进展，表现为百万吨死亡率、事故数和伤亡人数都呈现下降趋势。从图 1-2 中不难看出，近十年来，煤矿事故发生起数以及死亡人数呈现下降趋势。但是，如图 1-3 所示，我国百万吨死亡人数依旧随煤炭产量增长起伏波动。该组数据表明，煤矿安全生产状况仍不容乐观，政府和企业未能深刻认知发生重大事故的根本原因和规律，煤矿安全事故并未得到有效遏制。

生产安全一直是我国的基本国策，是发展生产力的重要工作，同时也是促进国民经济稳定、持续、健康发展的基本条件。生产安全的本质是在生产过程中防止各种事故的发生。对于煤矿企业来说，安全既是生命线，也是幸福线。煤矿生

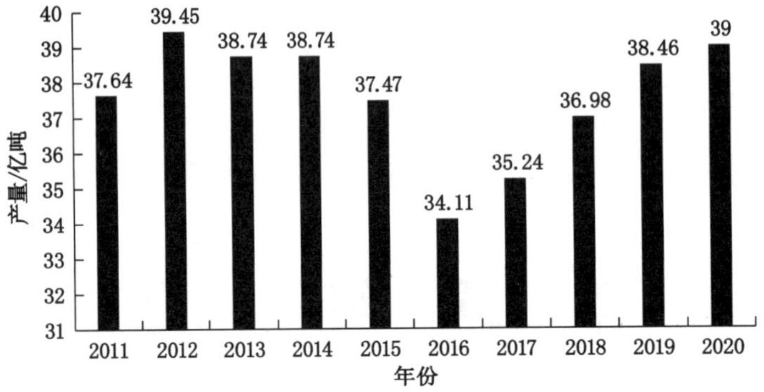

图 1-1　2011—2020 年我国原煤年产量

（数据来源：国家统计局）

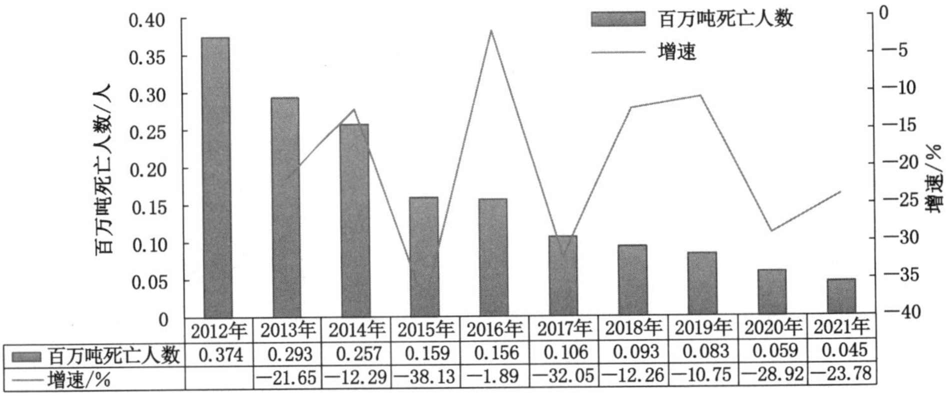

	2012年	2013年	2014年	2015年	2016年	2017年	2018年	2019年	2020年	2021年
百万吨死亡人数	0.374	0.293	0.257	0.159	0.156	0.106	0.093	0.083	0.059	0.045
增速/%		−21.65	−12.29	−38.13	−1.89	−32.05	−12.26	−10.75	−28.92	−23.78

图 1-2　2012—2021 年全国煤矿生产安全事故百万吨死亡率变化趋势

产安全事故一旦发生，就会对矿工和周围环境造成严重威胁。煤矿生产安全需求长期存在，任何时候都必须警钟长鸣。

1.1.2　矿工不安全行为是煤矿事故的主要和直接原因

通过总结历年煤矿安全管理相关文献和煤矿事故调查报告得知，事故原因多与违规操作、组织工序不明、管理疏忽以及缺乏安全意识等人的不安全行为相关。海因里希（1950）等从事故案例中发现，人的行为所导致事故占比为 88%。还有研究通过分析事故调查报告得出，84%～94%的事故是人的失误导致的，验证了事故的主要致因是不安全行为的观点。学术界已形成一个共识：矿工的不安全行为是煤矿安全事故的主要和直接原因。因此，若想更好地控制和减少煤矿事故、保障煤炭行业健康可持续发展，亟待在现有政策和新技术的基础上，从

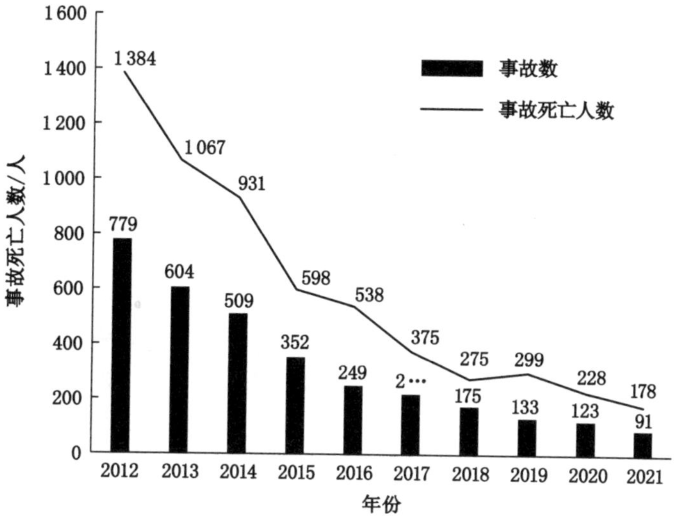

图 1-3　2012—2021 年全国煤矿生产安全事故事故起数及死亡人数变化趋势

根源出发，探索产生矿工不安全行为的潜在知识和隐藏规律。

1.1.3　减少不安全行为是确保煤矿生产安全的主要途径

煤矿生产安全事故是由多种因素交织叠加造成的，而人是煤矿生产作业中唯一具有主观能动性的因素，组织或参与了煤矿生产系统生命周期的各个阶段，是每一个生产环节中的主导者，众多学者研究证明，在事故发生前已多次发生了不安全行为。科学技术日益发展的同时，机械设备的可靠性也随之提高，由机械设备自身问题直接引起的安全问题逐渐减少。而人作为对机器设备、工具进行掌控、操作、支配和管理的主体，多次造成了设备和工具的不安全状态。由此可见，矿工逐渐成为整个煤矿生产系统的主要肇事者，矿工的不安全行为极大增加了事故发生的可能性。而人的行为与其他不安全条件相比，其诱因又更加复杂，既受自身生理因素和心理因素的影响，也受管理、环境、设备等诸多因素的影响。若未能在不安全行为发生前、发生中或发生后及时地识别和控制，这些不安全行为将会带来更严重的后果。

由于煤矿井下作业环境的封闭性和特殊性以及矿难事故的严重性，越来越多的煤矿企业意识到一线矿工的安全行为是改善煤矿安全生产现状、提高煤矿企业生产力的重要因素。如何提升矿工的安全行为，进而减少矿难事故的发生也逐渐成为煤矿企业组织行为学研究的热点。由于一线矿工在工作和生活中面临比常人更大的压力，关于工作压力与矿工安全行为关系的研究相继涌现。基于资源损耗理论，李乃文等(2017)认为，较高的工作要求和工作压力会加速矿工的作业疲劳，增强矿工的疲惫感，不利于矿工身体安全和健康，进而促使不安全操作产生。众多学者研究表明，矿工的压力会对其安全参与行为和安全遵守行为产生较大的负面影响。

然而目前大部分研究只是探讨了矿工工作压力对其生理安全行为的影响，鲜有研究探讨工作压力对矿工心理社会安全行为的影响机理。同时，国内外很多学者研究表明，员工的工作压力会通过心理资本对其安全行为和安全绩效产生影响。社会认知理论认为，人的个体因素（安全心理资本）、环境因素（心理社会安全氛围）和人的个体行为（心理社会安全行为）相互影响。同时，相关学者研究表明，个体对工作环境和行为结果的积极感知可以促进其安全行为的实施，而安全行为的实施可以进一步强化其安全心理状态。矿工在较大的工作压力下进行安全操作后，会进一步增强其实施安全行为的信念、责任感和效能感，并强化其安全心理状态。此外，根据社会交换理论，工作压力对安全心理资本和心理社会安全行为的影响可能依赖于矿工对心理社会安全氛围的感知。当矿工面临较大的工作压力时，较高的心理社会安全氛围可以改变矿工对工作压力的反应，从而有助于缓冲工作压力对安全心理资本的破坏作用，降低工作压力对心理社会安全行为的负向作用。

此外，在安全科学领域，张涵等在对 2001—2015 年煤矿生产事故分析时指出，人的不安全行为是所有引起煤矿重特大事故的直接原因中占比最高的，达到 97%。因此，探讨不安全行为的诱因组成和提出控制策略是减少煤矿生产安全事故的重要手段。目前，学者们主要依据人为分析的方法来界定和识别不安全行为与其诱因，分析不安全行为的发生机理和传播过程来管理控制不安全行为。由于个人经验和知识储备的差异，不仅会导致诱因清单不完整或存在一定偏见，还会耗费大量的时间和人力成本。现有的研究虽然从系统的角度分析了不安全行为的诱发机制，但仍不能充分反映不安全行为与其诱因之间的层次性、关联性，也不能充分反映不安全行为与其诱因之间复杂的非线性作用。在此背景下，利用数据思维从煤矿生产安全积累的线上资料和数据的规模分析中量化不安全行为，阐明不同类型不安全行为与其诱因间的互动关系，并提出预控策略，有利于减少不安全行为。

1.1.4 文本挖掘技术在煤矿安全管理人员管理的作用逐渐凸显

在人员管理方面，文本挖掘在处理非结构化数据方面的作用逐渐增大。结合数据挖掘和计算机技术，能更有效地进行矿工安全知识培训、矿工考勤考核、不安全行为预测和管控等工作。利用文本挖掘技术，通过对大样本数据的自动分词和聚类，能够更科学客观地对矿工不安全行为进行分类，从而更有效地对矿工进行管理。同时，互联网技术和移动通信技术让煤矿安全管理人员的管理工作不再局限于工作现场,小程序和GPS定位的应用不仅方便了矿工自由安排时间进行安全知识培训,也让管理者能及时掌握矿工的所在地点。此外,在矿工"三违"系统管控和不安全行为纠错方面,结合相应的信息化技术,如拍摄现场照片或视频,不再需要人工录入繁杂冗余的文字描述,提高了矿工不安全行为管控的效率。但是现有的研究和应用依赖于矿工的积极主动配合,而矿工不可能储备完善详细的安全规范和准则。

智慧矿山的建设应用大大提升了煤矿企业对生产设施设备、矿工和复杂环境的管控能力,部分煤矿已能实现自动化全面感知。与此同时,煤矿安全领域积累了海量数据,形成了煤矿安全大数据。在此背景下,跳出依靠管理者经验来判别矿工行为是否安全的思路,依靠文本挖掘技术获取矿工不安全行为信息,提纯矿工不安全行为知识和规律并将其可视化,已成为未来的研究重点和趋势。

1.2 研究目的及意义

1.2.1 研究目的

首先,本书综合运用社会网络分析和文本挖掘技术等方法,从微观和宏观两个方面探索引发煤矿生产安全事故的不安全行为成因机制。其次,从心理安全的层面提出矿工的安全行为,即心理社会安全行为。再次,以积极心理学理论为基础,将矿工的安全心理资本作为中介变量,将煤矿组织的心理社会安全氛围作为调节变量,以进一步探讨工作压力对矿工心理社会安全行为的影响机制。最后,运用可视化技术等手段对矿工行为相关数据中隐含的信息、知识和规律进行深度挖掘和分析,并使之透明、直观、形象地表达、展示,这是解决矿工不安全行为数据量膨胀、信息处理能力低下、知识提取效率不足等问题的新方法、新途径。矿工不安全行为知识可视化是推动煤矿安全可视化管理不可或缺的重要内容,对提高煤矿安全管理人员管理决策力、安全隐患洞察力和资源优化能力发挥着重要作用。

1.2.2 研究意义

1.2.2.1 理论意义

第一,深化文本挖掘技术在安全领域中的应用。本书将社会网络理论与文本挖掘技术理论进行有效结合,不仅能给当前安全管理理论的横向发展提供新思路,同时,能够给煤矿生产安全管理提供新途径。

第二,拓宽不安全行为诱因识别思路。利用文本挖掘技术,结合特征分析的思想对矿工不安全行为与其诱因集合进行有效提炼,这区别于传统单一因素分析思路，使矿工不安全行为与其诱因的研究更加全面。

第三，丰富行为安全管理研究的理论体系。构建矿工不安全行为与其诱因的关联网络结构模型，并确定诱发矿工不安全行为产生的关键因素和关键诱因路径，有利于扩展文本挖掘技术在煤矿生产安全管理领域的应用。

第四，深化对矿工安全行为的理解。人的行为包括生理行为和心理行为两方面，这两种行为同样重要。当前对矿工安全行为的研究主要集中于生理层面，忽视了心理层面安全行为的重要性。因此，为深入了解矿工各方面行为，本书从心理安全的角度出发，提出矿工的心理社会安全行为，从而对矿工心理行为理论的发展奠定基础。

第五，深化对“工作压力-心理社会安全行为”作用分析的理解。在高强度的工作压力下，矿工心理社会安全行为选择是一个复杂的过程，厘清工作压力对矿工心理社会安全行为的影响机理，是有效干预矿工不安全心理行为的前提条件。基于实证分析探究工作压力对矿工心理社会安全行为的影响机理，本书构建并检验了工作压力对矿工心理社会安全行为的影响理论模型，为减少矿工不安全心理行为提供了重要的理论支撑。

第六，针对煤炭行业中存在数据量膨胀、信息处理能力不足和潜在知识难以发现等问题，从系统论角度，运用大数据技术和知识可视化等手段，构建矿工不安全行为知识可视化实现过程模型，丰富了行为安全和安全管理研究内容。

第七，针对庞杂、松散、非结构的矿工行为数据，采用数据融合的方法进行数据结构化转换，构建矿工不安全行为主题挖掘模型，从大样本数据中提取矿工不安全行为特征，清晰划分矿工不安全行为归类，从而有利于拓展和丰富行为安全基础理论和应用领域，极大丰富了知识可视化的理论研究。

1.2.2.2　实践意义

第一，为企业安全管理现状提供了策略建议。本书通过了解煤矿生产安全事故中的不安全行为特征和不安全行为诱因演化为不安全行为的路径，进一步完善企业安全管理的方法，提升安全管理质量，促进企业安全信誉养成。

第二，为矿工提升自身行为安全水平提供指导建议。本书通过深化安全教育，以提高矿工的安全意识，使其重视安全，减少行为不规范给自身带来的伤害，强化安全生产质量。

第三，为煤矿企业安全管理提供新的视角。以往研究单纯聚焦于个体层面或者组织层面，分离了二者之间的互动及深层次的关系，本书结合个体影响因素、组织因素以及环境因素，对矿工心理社会安全行为的形成路径进行分析，将组织因素和个体因素相结合，对矿工不安全行为进行干预，为矿工不安全行为管理和干预提供了新的视角。

第四，为煤矿工人自身管理提供实践指导。本书强调煤矿工人自身心理状态的重要性，可以让矿工意识到自身安全心理资本的重要性，当面临较大的工作压力时，矿工能够意识到应该协调好自身状态，并积极向上级领导或心理咨询中心寻求帮助。

第五，有利于创新煤矿安全管理人员的管理手段，把传统的高度依靠经验与直觉判断的管理现状转化为通过数据挖掘的精确控制，从而丰富了安全管控方式。利用文本数据挖掘技术，深入分析非结构化的矿工不安全行为数据，并合理提炼其隐含的信息、知识和规则，在增强安全管理人员对矿工不安全行为的正确理解的同时，也帮助国家安全管理人员对矿工不安全行为做出正确认识与预测，从而减少因主观经验与直觉判断等人为因素而产生的偏差及其局限性。

第六，有效顺应国家安全管理工作“关口前移”的政策，对于提升煤矿生产安全水平有着重大意义。

第七，有助于提升智慧安全信息系统的应用价值。智慧矿山的应用需投入大量的建设成本、运营成本和维护成本，充分挖掘利用繁杂冗多的文本类数据，不仅可以丰富矿工不安全行为的认知，还可以实现现有智慧安全信息系统的价值最大化，对进一步拓宽智慧安全信息系统的应用领域、提升智慧安全信息系统的应用价值、优化智慧安全信息系统的功能具有重要意义。

1.3　国内外研究现状

1.3.1　矿工不安全行为相关研究

1.3.1.1　不安全行为的内涵及演变

人类的活动与各类生产经营活动密不可分，且人类的行为种类繁多，深刻、全面研究人的行为具有重大的现实意义。早在1919年，格林伍德和伍兹等人便提出事故频发倾向论，首次证明工人与事故频发间存在关系，将对人的行为的研究引入人们的视野。之后，霍桑实验正式拉开了对人类行为研究的序幕。发展到20世纪60年代，国外学者将视角转向人的行为与安全科学的交叉融合，初步开始研究行为安全相关理论，提出不安全行为这一概念，Rigby首先定义不安全行为为超出可接受程度的人的行为。70年代后期，海因里希提出事故由人的不安全行为和物的不安全状态导致。有学者在海因里希的基础上构建“奶酪”事故模型，得出事故致因是系统中各风险突破各防御层。Senders等总结了多种人因定义及理论，定义不安全行为是超过系统或体系可接受程度的人的行为，并从设施设备、环境氛围等方面分析人的不安全行为特征。

近年来，各专家学者深入探究不同行业领域的不安全行为。2012年，有学者从人因角度细致分析事故致因中的人的行为失误。研究得出，安全支持、工作氛围等因素与安全行为具有强相关性，发现领导风格、工作氛围等因素对安全行为有重大影响，并在此基础上，发现领导风格和工作氛围对员工的安全行为有直接作用。

1.3.1.2 *矿工不安全行为影响因素相关研究*

近年来，随着国内外对不安全行为的研究逐渐细化、深入，相关领域的专家、学者开始系统研究矿工的不安全行为，并偏向于矿工不安全行为的影响要素及作用机制研究。

在矿工不安全行为的影响因素方面，李建波(2018)分析了产生不安全行为的内在因素，并通过员工参与等方法进行干预，减少发生事故的概率。有学者研究了矿工工作环境与工作压力的关系，提出噪音、高温等环境因素易导致矿工工作压力增加，从而产生不安全行为；指出煤矿企业应重视矿工的心理状态，有针对性地加强矿工的心理培训；强调合理的休息时间能减少不安全行为的发生，呼吁企业建立更合理的煤矿倒班制度。李琰(2018)发现风险成本、预备成本和实施成本与矿工不安全行为具有负相关关系，精神收益、物质收益与矿工不安全行为具有正相关关系。李红霞(2019)结合矿工的工作环境及其对安全信息的认知，建立了矿工安全信息认知过程模型，得出矿工个体安全信息力低下这一主要因素。有学者以新生代矿工为研究对象，分析得出工作价值观负向显著影响不安全行为。有学者采用重采样技术研究角色压力与矿工不安全行为的关系。有学者认为，矿工个人心理显著影响不安全行为的发生。有学者发现管理者亲社会违规行为正向影响矿工不安全行为。有学者全面研究了组织结构变革、矿工情绪智力和组织公平感对矿工不安全行为的影响。

在矿工不安全行为的作用机制方面，黄欣等(2015)学者将HFACS引用到矿工不安全行为研究中，构建了矿工不安全行为系统动力学仿真模型，厘清了产生矿工不安全行为的各因素的内在作用关系。王晓波等人(2017)利用前因-行为-结果行为分析法，划分出4类煤矿不安全致因因素和18类人因因素。安景文等(2018)从5个层次构建了矿工不安全行为评价指标体系。李琰(2017)基于扎根理论，建立矿工不安全行为成本-收益模型，得出安全意识、个人特征以及工作情景对矿工不安全行为具有重大影响。田水承(2018)在问卷前期采用图片诱导的方式，调查发现“企业因素＞个人因素＞家庭因素”，这3个因素是矿工不安全情绪持续时间产生影响的程度的一级因素，而“沟通渠道＞安全规章＞个人收入＞个人身体健康＞家庭收入”，这5个因素则为影响略小的二级因素。李红霞(2017)运用解释结构模型(ISM),分析不同层次矿工不安全行为影响因素的递阶关系,得出表层、中层、深层的不安全行为影响因素。赵海颖等(2020)利用多层线性分析,得出群体信任跨层次作用于群体心理资本与不安全行为之间的负向关系。张江石等(2021)建立了个体因素与环境因素间的多维度作用机制,并量化了测量量表。郭江慧等(2020)从内部动机与外界管理制度的交互作用出发,建立了矿工安全行为选择模型。栗继祖(2021)研究了矿工群体动力、心理安全感、人际关系与不安全行为意向之间的作用机制。杨振宏(2021)研究了个体事故体验、风险感知、安全态度和矿工不安全行为的作用机制。

1.3.1.3 矿工不安全行为知识发现相关研究

杨校毅等(2018)厘清了矿工不安全行为发生机制,提出工作需求和工作资源相互作用易产生不安全行为。有学者研究了冲突管理策略对矿工不安全行为产生机制之间的关联关系。满慎刚等(2017)分析了矿工违规操作与煤矿企业激励政策间的关系。李爽(2017)通过神经网络模型对矿工不安全行为进行预测评价,并使用煤矿企业的监测数据进行实证研究,验证该预测评价模型结果的有效性。有学者通过问卷调查和专家打分法探究领导风格与矿工不安全行为的相关性。李琰等(2016)对文献进行计量分析,从事故、原因、测量方法及措施四个方面进行综述,发现矿工不安全行为是导致事故的直接原因,且行为失误为主要因素。温廷新等(2020)通过结合迁移学习和深度残差网络的图像识别方法,将矿工不安全行为划分为三个维度进行准确识别,避免了人为因素的影响。鞠春雷、聂方超等(2020)构建基于长短期记忆网络的不安全行为时间序列预测模型,通过模型训练和测试准确预测不安全行为。王珏等(2020)通过关联规则算法研究不安全行为在时间、地点、分类、部门、岗位和违章程度等多个维度的分布规律。李红霞(2022)系统研究了煤矿人因失误的问题,提出通过先进的神经测量工具有望从根本上揭示矿工的行为机理。

综上所述,现有不安全行为相关研究多数从理论基础和产生机制等方面出发,国内专家学者在此基础上,结合我国国情,对煤矿企业职工的不安全行为特征、影响因素和作用机制等进行研究。然而,关于矿工不安全行为知识发现的研究相对匮乏,仍处于经验(无数据)和理论模型(小数据)相结合的阶段,难以避免受主观因素的影响,导致矿工不安全行为归类混乱、特征规律阐述不明等问题。因此,有必要进一步研究大样本数据下的矿工不安全行为知识可视化,结合煤矿工作条件和矿工作业特点,建立更为合理的数据挖掘模型,深入探索矿工不安全行为潜在的特征、知识和规律。

1.3.2 不安全行为的诱因与预控策略研究

基于上述不安全行为的文献知识梳理，探讨不安全行为诱因，有利于明确不安全行为形成机理和发展规律。不同学者由于研究领域和研究视角的不同，其对不安全行为诱因的分类也不同。如有学者通过定量分析，确定了诱发建筑工人不安全行为的 8 个方面，分别是个体特征、班组特征、组织架构、施工单位、管理、监督、工作环境和社会认同。李琰(2016)将矿工的不安全行为诱因分为生理、心理、环境、设备、文化以及管理 6 个方面。有学者利用石川图的分析方法，把心理和生理因素归并为个体因素，并在此基础上将矿工不安全行为的诱因分为个体特征、领导态度、安全管理水平、群体特征以及自然环境状况这 5 类。叶贵(2015)在探讨建筑工人不安全行为的诱因时，通过构建诱因体系发现个体特征、组织管理、生产条件和社会环境均能诱发不安全行为。此外，倪国栋(2020)在分析建筑领域作业人员不安全行为时，提出将不安全行为的诱因分为个体、组织和环境三个方面。李红霞(2021)在分析智慧矿山职工的不安全行为时，发现管理因素是影响不安全行为的主要因素，排在第二和第三的分别是作业因素、个体因素。为了方便后续工作的开展，本书在前人研究的基础上进一步将诱因从个体因素、管理因素、环境因素以及物的因素这 4 个层面展开综述。

1.3.2.1 个体因素

一些学者运用社会交换理论从心理交互角度探讨了心理契约与不安全行为的关系。霍艳琳等(2020)认为，组织未履行承诺、员工感到不公正待遇、心理契约破裂都会正向影响矿工产生不安全行为意向，进而产生故意违章等不安全行为。消极情绪和心理资本也会诱发人的不安全行为。如有学者认为，建筑工人的心理感受对其行为有很大影响，通过因子分析的研究方法证实了建筑工人不安全行为受到情绪压力的正向影响。有学者通过对建筑工人跟踪调查发现，情绪衰竭对建筑工人的不安全行为产生正向影响。有学者以石油工人作为研究对象，通过建立结构方程模型发现，工作倦怠在安全绩效和不安全行为之间起调节变量。有学者探讨了建筑工人心理资本与安全行为之间的关系，认为建筑工人不安全行为会随心理资本的增加而减少。有学者利用社会认知理论作为理论框架考察了谨小慎微、吊儿郎当等工作态度和不安全行为之间的关系，提出了吊儿郎当的态度更容易导致不安全行为。

也有部分学者把研究视角落在人格特质、性格、技能水平、工龄等方面。有学者通过对工伤事故统计分析得出，具有“事故倾向性”人格特质的员工更容易引发事故。有学者运用元分析法对相关文献分析发现，责任心越强和性格越和善的人引发工业安全事故的可能性越小。叶贵等(2016)用结构方程模型得出，年龄和人格特质的差异可能引发建筑工人的不安全行为。居婕等(2013)在心理学的基础之上提出，建筑工人的性格对其安全行为存在很大影响。杨高升等(2019)采用问卷调查法发现，建筑工人的技能水平处于“接触-成熟”阶段时，专业技能越高，建筑工人的不安全行为倾向越强。有学者通过焦点小组访谈韩国塔式起重机安拆工人时发现，工人“不遵守工作程序”会对塔式起重机安装和拆卸产生不利影响。有学者提出了一个研究不安全行为的综合框架，在这个框架体系中外界刺激会作用于触觉器官，并将刺激信息经由工人的大脑或神经系统传递到运动器官而做出不安全行为。

一些研究人员还分析了安全认知偏差和安全认知失效对不安全行为的诱发机制。有学者基于认知心理学和社会心理学理论，建立了不安全行为认知模型，揭示了获取与理解信息、感知与选择响应的安全认知过程与不安全行为的因果关系。刘嘉伦等(2018)同样基于认知心理学，使用对比分析法探讨了工龄差异对建筑工人危险认知的影响。仇国芳等(2019)从社会心理学出发，采用粗糙集和信息熵识别指出，建筑工人安全认知可以分为内部认知和外部认知两大部分。牛莉霞等(2015)为探索工人安全行为影响路径，基于文献研究，将自我决定理论和开放式访谈相结合，构建安全行为形成机理模型，证明了工人的受控安全动机对其安全行为的贡献来自外部威胁和安全生产的重要度，而自控安全动机能够促使工人充分享受工作，从而达到促使工人主动选择安全行为的目的，这既能够提高组织安全管理绩效，又能发掘工人的工作潜质。

由此可以发现，学者们由于研究视角的差异，对不安全行为的个体因素选择的角度也有所异同，但多数学者认为个体因素是导致不安全行为产生的重要诱因。

1.3.2.2 管理因素

导致不安全的管理因素可分为安全氛围、安全投入和管理措施3个方面。

(1) 在安全氛围方面，有学者使用修订版的安全气候问卷，将安全氛围总结为工人间的交流和支持、完整的施工过程、工作中的压力、个人防护用品、安全规章制度。有学者以瑞典建筑工人为研究对象，研究了安全气氛的维度，提出安全气氛显著预测自我报告的安全行为。周全等(2009)通过对同一家建筑施工企业使用问卷调查定量分析相隔三年的两个阶段，发现安全氛围通过安全规范遵守传递风险，不断增加对安全事故的影响。季闯(2015)为有效预防安全事故，采用探索性因子分析方法从施工班组的角度确定班组安全氛围维度，研究结果表明，安全氛围可被分成班组成员、项目组织和环境3个维度。成家磊等(2017)同样将安全氛围分成3个方面，并借此探讨了安全氛围对工人不安全行为的诱发。

(2) 在安全投入方面，大部分研究人员认为，施工企业增加安全投入是改善工人不安全行为状况的有效途径。曹秀兰等(2018)为了明确安全投入提高职工安全意识、改善职工安全状态的途径，将施工企业的安全投入划分成安全奖励措施、安全教育培训、劳动保护用品以及设施和社会保险投入这 4 个方面，采用文献梳理和问卷调研相结合的方法，探讨了不同安全投入方式对工人安全绩效的诱发路径，发现物质化的安全奖励可以正向引导职工安全参与行为；社保和个人劳保投入不足会降低工人的安全遵守行为。李辉山等(2019)将安全投入界定为企业为了保证一线工人的安全所投入的一切。杨小朋(2021)为探究大型煤矿企业事故防范机制，通过建立事故致因模型发现，企业加大安全投入与管理强度可以塑造员工的安全行为，实现政府与市场的有效监管，提高企业安全管理能力和水平。史恭龙等(2021)基于突变理论构建煤矿企业安全投入评价模型发现，构建完善的煤矿企业安全成本体系会让安全投入结构更加合理。

(3) 在管理措施方面，一些学者认为，采用一些管理手段对工人的不安全行为进行约束，能够有效减少不安全行为。其中，居婕等(2013)认为，影响建筑工人不安全行为的管理措施可以分为合理完善的安全计划、规范有效的安全制度、安全教育深度以及安全监管力度。有学者针对不安全行为的因果关系建立了系统动力学 SD-CUB 模型，并据此提出管理层面的监督管理能够提高工人的安全意识，进而有效提高安全管理绩效。陈伟珂等(2017)从突变理论视角构建建筑工人不安全行为尖点突变模型，结果表明，安全标识、安全信号等被动管理措施可以减少不安全行为。有学者通过对大量企业的调查走访发现，管理层可以通过对工作场所进行安全检查、供应和维护安全装备等改善建筑工人的不安全行为。祁神军等(2018)通过数据调研分析得出，制定安全激励和惩罚措施，可有效减少建筑工人不安全行为动机。倪国栋(2022)结合扎根理论研究方法与专家打分法，探究了新生代建筑工人不安全行为的诱发因素。

由以上研究可以看出，大多数学者认为企业的安全管理不足、安全氛围不够、管理不善及政府的监管手段存在缺陷等与职工的不安全行为有较大关联。

1.3.2.3 环境因素

环境因素对不安全行为的诱发研究可以总结归纳为狭义的工作环境、广义的自然条件以及社会环境 3 个方面对不安全行为的诱发。张江石等(2020)基于计划行为理论构建结构方程模型、编制影响因素测量量表，探讨了 3 类个体因素和 7 类环境因素与矿工不安全行为之间的关系，通过模型路径系数与拟合数据得出了物理环境会影响个体主观态度，从而间接导致不安全行为。殷文韬等(2012)建立了煤矿工人行为影响因子指标体系，将工作环境的影响归纳为一线员工行为影响因子。居婕等(2013)从各类不安全行为事件中提取了 13 个诱因，通过建立诱因矩阵，借助 DEMATEL 方法分析出环境因素和管理因素通过诱发个人因素而间接诱发工人的安全行为。有学者以施工项目中的电梯安装为例，结合认知工作分析(CWA)理论，探讨了工人工作环境-行为机制，提出了环境约束显著影响工人生产行为。夏润禾等(2021)对5个城市的地铁车站采用随机抽样法构建不安全行为风险管理模型，并通过ABC分析类法发现，地铁车站作业人员不安全行为受作业环境的影响显著。田水承等(2021)发现，在风险偏好的中介作用下，工作环境压力对矿工不安全行为最具影响力，而自然条件和社会环境对不安全行为的影响相对较少。

由以上可以发现，虽然学者所处的工程领域不同，但大部分学者都赞同工作环境是最能诱发不安全行为的环境因素。

1.3.2.4 物的因素

人因是引发事故的主要原因，但仍有一部分事故是因为物的不可靠状态间接影响员工的行为而造成的。物的不可靠状态既指机器设备、工具及生产材料的不安全状态，也指企业检修等相关人员未按国家规定进行检测、维修设备，从而触发不安全行为的条件。如有学者通过调研分析印度发生的机械事故后发现，机械设备的损坏是诱发不安全行为的原因之一。由于部分职工高估了防护设施、装备对自身的保护作用，低估了不安全行为带来的风险，从而诱发投机取巧、故意犯错等不安全行为的发生。梁振东(2014)从员工行为与机械设备的关系视角指出，煤矿企业中的大部分机械设备的设计欠缺考虑煤矿作业环境的特殊性，导致这些机械设备在操控仪表的设计布局、安全提醒标志、人体工效学等方面存在不足，或与设备使用者的行为反应认知、行为动态规律不匹配，从而诱发不安全行为。安宇等(2020)基于TPB理论和事故致因理论构建事故致因模型，通过模型的Meta分析指出，煤矿作业离不开机器设备的支持，机器的不安全状态会诱发矿工的冒险作业或违章操作等不安全行为，而安全物态更能促进员工的安全行为意向，并减小故意违章倾向。

由不安全行为诱因梳理发现，不同学者对不安全行为诱因的认识存在一定的差异，为了综合分析诱因与不安全行为之间的联系紧密度，本书从个体因素、管理因素、环境因素以及物的因素4个方面对煤矿生产安全事故中的不安全行为诱因进行整理分析。

通过前文文献的梳理，对不安全行为产生条件及诱因路径有了一定了解。针对本书的研究目的，进一步对不安全行为预控进行深入探讨，根据这部分文献内容结构将不安全行为预控分为预防和控制两方面进行梳理。

在预防方面，骆火红等(2018)在分析高温环境下员工“脱帽”不安全行为原因的基础上，从意识培养、习惯养成、安全帽设计方面提出了不安全行为策略。周波等(2020)在分析了不安全行为影响因素的基础之上建立多层级安全管控模式，从而对影响不安全行为程度较高的因素进行重点预防控制。夏润禾等

(2021)从行为安全的角度指出，相较于行为后矫正，新生代职工更希望获得行为前预防教育，不安全行为的预防比控制更重要，应当在工人出现习惯性不安全行为特征前就培养和强化其安全行为习惯，即先进行不安全行为的预防性干预，再进行不安全行为的应急矫正。陈泽(2022)基于海因里希法则，从"源头预防—过程控制—矫正教育"三个角度总结提炼了矿工不安全行为的27条管控措施。

在控制方面，有学者研究了一种基于主动射频识别(RFID)的位置传感系统，通过识别飞行时间(TOF)的距离传感(LRS)来监测技术作业人员的位置和货物起重机位置之间的间距，进而有效控制钢铁行业货物起重机下工人的不安全行为。周波(2011)通过问卷调查的方式，分析了淮南矿业集团职工的心理、不安全行为产生原因及相关因素，从教育和管理两个方面分析指出，解决矿工不安全行为的有效控制措施是在行动和思想上教育职工的同时加强企业安全文化建设，从根本上控制员工的不安全行为。李俊亭(2021)采用系统动力学方法和Vensim软件，动态演化了施工作业人员的不安全行为干预路径，结果表明，基于安全管理和安全氛围的组合干预策略能够有效抑制施工作业人员的不安全行为。

综上，在不安全行为预控研究方面，很多学者是通过直接建立模型来探讨如何减少不安全行为，却忽视了不安全行为诱因对不安全行为的影响。因此，为了使不安全行为控制更加精准、有效，应先明确不安全行为的诱因作用路径。

1.3.3 心理社会安全行为与工作压力研究综述

1.3.3.1 心理社会安全行为研究综述

(1) 心理社会安全行为的概念

安全科学的研究内容主要包括对组织内外个体行为和组织行为的行为控制手段、安全工程技术手段和系统安全科学手段，这些手段都是事故预防的手段。作为安全科学的其中一个分支学科，安全行为科学的研究内容是事故预防手段中的第一种手段，即对组织内外个体行为和组织行为的发展规律及其控制手段进行探讨，其最终目的是控制人的不安全行为、预防和减少事故的发生。当前，安全行为科学对人的行为研究主要从安全行为和不安全行为两个方面展开。

学者们以员工在工作中是否遵守安全规定和标准，将员工的行为分为安全行为和不安全行为。员工由于不严格遵守安全标准而导致操作过程中发生事故的行为，称为不安全行为；反之，员工在操作过程中，面对不良的组织内部和外部影响而做出的符合安全规定和标准的行为，则称为安全行为。以上安全行为的研究是从人的生理层面展开的。

本书研究的心理社会安全行为，主要是从个体心理层面的操作行为角度提出的。有学者从积极心理学的角度，将安全行为划分为生理安全行为(Physical

Safety Behavior)和心理社会安全行为(Psychosocial Safety Behavior),并将心理社会安全行为定义为员工为维持自己的工作场所心理安全或帮助营造支持心理社会安全的环境而开展的活动。

(2) 心理社会安全行为的测量

学者们对安全行为的测量维度进行了丰富的研究,从不同的研究视角提出了不同的测量维度。有学者将员工的安全行为划分为任务行为和情景行为,其中任务行为更多地强调员工个体遵守相关规章制度和完成领导要求所采取的被动性的操作行为;情景行为则是员工个体考虑自身安全、企业安全等因素,主动参与而做出的行为决策。有学者认为,构成员工安全行为的两个主要维度分别是安全遵守行为和安全参与行为。其中,安全遵守行为和前文中的任务行为属性相同,均是员工正确遵守安全规章制度所采取的行为;安全参与行为则与上文中的情景行为相同,即员工主动做出的有助于企业安全生产的行为。实际上,以上两种维度分类属于同一类分类方法,即都是从生理层面对员工的行为决策进行探讨。因此,为了对员工的安全行为进行更丰富的测量和研究,有学者从不同的研究和分类视角,以医疗工作者为研究对象,从心理层面提出员工的心理社会安全行为,并将心理社会安全行为分为心理社会安全参与行为和心理社会安全遵守行为。

(3) 心理社会安全行为相关研究

当前,对员工安全行为的研究主要是从生理安全的角度进行探讨,对于心理社会安全行为的研究相对较少,本书将首先总结安全行为的相关研究,然后对心理社会安全行为的相关研究进行阐述。

本书总结前人对于安全行为的相关研究发现,个体特征因素、组织因素和社会因素均会对员工的行为决策产生重要影响。

① 个体特征因素。梁振东等(2013)将个体特征因素分为自我效能、外控人格倾向、事故体验、工作满意度、安全知识等,并分别探讨以上因素对矿工不安全行为的影响,结果表明,自我效能、外控人格倾向、工作满意度、安全知识与不安全行为显著相关。李红霞等(2017)研究发现,安全认知和安全态度与矿工的安全行为显著相关。

② 组织因素。影响员工安全行为的组织因素主要包括工作本身和工作环境两部分。相关研究表明,工作压力和高工作要求会影响员工的工作倦怠,进而降低员工的安全行为水平,而较高的组织氛围可以有效缓解员工在工作中面临的压力,如领导支持、高层管理者的安全承诺、安全培训和对安全的重视程度都与员工的安全行为存在显著正相关的关系。

③ 社会因素。相关研究表明,公司的制度政策、同事间的人际关系、家庭关

系等，都会对员工的安全行为产生一定的影响。

有学者从生理层面和心理层面等不同的研究视角出发对个体的心理社会安全行为进行研究，将组织的安全氛围，即生理安全氛围（Physical Safety Climate）和心理社会安全氛围（Psychosocial Safety Climate）纳入“工作要求-资源”模型当中，分别研究了对员工生理安全行为和心理社会安全行为的影响。该研究结果表明，员工的工作要求、工作资源和安全氛围（包括生理安全氛围和心理社会安全氛围）均分别与员工的生理安全行为和心理社会安全行为显著相关。

1.3.3.2 工作压力研究综述

（1）工作压力的概念

通过查阅、整理和总结关于工作压力的相关文献，我们得出当前对工作压力研究的相关学说及其所对应的概念定义，如表 1-1 所示。

表 1-1 工作压力的定义

研究学说	定义
刺激学说	工作压力是指工作场所的心理体验和需求（压力源）会产生短期紧张和身心健康的长期变化
反应学说	工作压力是个体对工作压力源的一种主观反应
刺激-反应学说	工作压力是指在工作环境中，使个人目标受到威胁的压力源长期地、持续地作用于个体，在个性以及应付行为的影响下，形成一系列生理、心理和行为的反应过程
	工作压力是指所承担的工作在量上或难度上超过自身预期或能力范围，由此产生一系列心理和生理上的反应与行为
	工作压力是指当工作要求与个体工作者的能力、资源和需求不匹配时所产生的有害的生理或情绪反应
	工作压力是指高心理需求和低控制者自主决策融合时的压力感受过程
	工作压力是指当个体感到工作要求超出其内外部应对资源时，个体所产生的一种适应性反应，它体现了个体与工作环境之间的交互作用，这种作用会引起个体生理、心理和行为上的变化
	工作压力是指因工作环境、特性、要求、期望等超出个体所能应对的范围，进而导致其生理与心理的紧张状态

当前对压力产生的研究主要包括“刺激学说”、“反应学说”和“刺激-反应学说”。“刺激学说”认为，主要是外界环境因素对个体产生影响，进而产生压力。“反应学说”强调，压力是指个体受到外界环境的影响刺激时所产生的主观反应。“刺激-反应学说”则是综合“刺激学说”和“反应学说”的内容，认为压力是外界环

境因素和个体特征因素共同导致的，并更全面地阐述了压力的形成过程。通过对以上工作压力定义的总结发现，“刺激-反应学说”成为主流，因此，本书将采纳叶新凤等对工作压力的定义。

（2）工作压力的测量

当前学术界对工作压力维度的相关研究成果主要包括OSI指标体系以及进行修改完善之后的PMI指标体系。PMI指标体系的内容表达比OSI更为详细和具体，其中，工作压力源、员工的工作满意度以及健康状况等是OSI指标体系的主要内容，而表达更为具体的日常困难、人际关系、个人以及管理责任等则为PMI指标体系的主要内容。为了更精确地了解我国矿工的工作压力，牛莉霞等(2014)开发了专门针对我国煤矿井下矿工的工作压力源问卷。该问卷提出了矿工工作压力的二阶三维结构，将矿工的工作压力分为来自工作特征的压力、来自组织管理的压力和工作无奈感三个维度。本书将借鉴牛莉霞等人开发的工作压力量表对矿工的工作压力进行测量。

（3）工作压力相关研究

对工作压力的相关研究主要包括对工作压力的产生来源的研究以及工作压力对结果变量的影响研究两部分内容。对于工作压力的产生来源，即工作压力源，我们通过阅读相关文献，将内容总结如表1-2所示。

表1-2 工作压力源

维度	主要观点
六个方面	工作本身的压力、工作角色的压力、工作中的人际关系压力、职业发展压力、组织结构和氛围的压力、工作和家庭的分界压力
五个方面	期望抱负、工作他控型、领导人际、岗位角色、工作原则因素
四个方面	工作自主性、工作冲突、工作限制、公平感知
	工作的控制程度、工作的复杂程度、工作要求以及工作的安全性
	工作人员的自身特征、工作情景、个体的情感特征和其他气质因素
	工作任务压力、竞争关系、人际关系和工作环境
三个方面	工作特征压力、组织管理压力、工作无奈感

通过以上文献发现，前人对工作压力源的构成研究有很大的相似之处，主要包括个体方面、工作本身和组织方面。对于一线矿工来说，这3个方面的压力源都是明显且严重的，所以研究矿工的压力源是必要的。

① 工作压力对结果变量的影响。组织行为学领域主要研究员工的工作压力所产生的结果，并分为两类：一类是对心理状态和身心健康的影响，另一类是

对员工的安全行为和工作绩效的影响。

② 工作压力对心理状态和身心健康的影响。大部分学者认为，工作压力会对员工的心理状态和身心健康产生负面影响。如有学者对员工的工作压力与疲劳和抑郁状态之间的关系进行研究，结果表明，员工的工作压力会显著增加员工的疲劳感和心理抑郁的概率。有研究表明，与工作相关的压力、人身攻击和暴力，严重影响了员工的工作环境安全性和身心健康。张雅明等(2017)对公安民警的工作压力进行探讨，进一步证实了工作压力对员工的心理健康会产生负向影响。罗军等(2011)对我国公务员的工作压力的研究表明，工作压力与身心健康显著负相关。同时，很多学者研究表明，矿工的工作压力对其心理资本的负向影响巨大。

③ 工作压力对工作行为和工作绩效的影响。各个不同领域的专家学者认为，工作压力是影响员工工作行为和工作绩效的重要因素。有学者研究发现，与员工安全相关的压力显著抑制员工的安全行为和安全绩效，并且安全心理资本可以缓解压力对安全行为的负向影响。张勇等(2018)的研究表明，企业员工的挑战性工作压力会对员工的工作绩效产生积极影响，阻断性压力会严重降低员工的自我效能感和创造能力。

1.3.4 安全心理资本与心理社会安全氛围研究综述

1.3.4.1 安全心理资本研究综述

(1) 安全心理资本的概念

安全心理资本主要通过对心理资本的研究延展所得到。在组织行为学研究领域，相关学者将心理资本定义为人所持有的积极的心理状态，包含韧性、乐观、自我效能、希望等。目前学术界对心理资本内涵的理解主要有 3 种观点，如表 1-3 所示。

表 1-3　学术界对心理资本内涵的理解

观点	观点描述
特质论	心理资本是个体通过学习等途径获得的一种耐久性的、相对稳定的心理内在基础构架，包括个性品质和倾向、自我监控、认知能力和有效的情绪交流品质
状态论	心理资本是指那些有助于预测个体绩效和快乐工作指数的积极心理状态的综合指标，包括希望、自我效能感、乐观、积极归因、自我恢复力等
	心理资本是个体表现在生长发育过程中的心理积极的状态，包括自信、乐观、希望和韧性 4 个维度
综合论	心理资本同时具备状态性和特质性，既可以通过干预措施来开发，又相对比较稳定

为了研究矿工的安全心理资本，我国学者王璟等(2018)根据心理资本的定义，结合我国矿工的心理特征和作业特征，开发了适合我国矿工的安全心理资本量表，提出安全心理资本是一种与安全生产、安全心理状态息息相关的心理资本，并认为安全心理资本是指在工作过程中所拥有的可测量、可开发、对安全绩效有促进作用的安全心理状态或心理能力。本书将采用王璟等对矿工安全心理资本概念的界定。

(2) 安全心理资本的测量

心理资本是人的一种心理状态，具有潜在性的特点，不易观察。对安全心理资本的测量主要由心理资本的测量维度所得出，具体如表1-4所示。

表1-4　心理资本的维度

维度	结构要素
二维学说	自尊、控制点
三维学说	乐观、韧性、希望
四维学说	信心/自我效能、希望、乐观、韧性
多维学说	安全自我效能、希望、韧性、乐观、自我调节、冷静

目前使用较为广泛的是四维度学说及在此学说基础上开发的心理资本量表，即PCQ-24，这是目前在学术界最具代表性并且最受欢迎、适用范围最广的心理资本测量量表。王璟等根据PCQ-24量表的内容，结合中国矿工的工作特点等开发了适合中国矿工的安全心理资本量表，我们将借鉴王璟等开发的安全心理资本量表对矿工的安全心理资本进行测量。

(3) 安全心理资本相关研究

当前对安全心理资本的研究主要是结合心理资本的研究成果所提出，对于安全心理资本的研究相对较少，我们将首先总结心理资本的相关研究，然后对安全心理资本的相关研究进行阐述。

心理资本的影响因素。通过查阅相关文献，员工所在的组织团体因素和员工自身的个体特征因素是对其心理资本产生影响的两个主要方面。研究表明，工作不安全感会显著负向影响员工的心理资本，高绩效的工作系统会显著提升员工的心理资本。邹艳春等(2018)通过对团队心理资本进行实证分析，发现团队学习氛围对整个团队的心理资本发挥积极的正向作用。沈蕾等(2018)和史烽等(2018)的研究均表明心理资本在领导支持和员工创新行为之间发挥中介作用。同时，郝明亮(2010)研究发现员工的个体特征，如年龄与其心理资本存在相关关系。

心理资本的作用机制。整合已有文献,发现心理资本与结果变量之间存在以下关系:

一是主效应模型。心理资本作为前因变量时,会对员工的态度、身心健康、行为和绩效等产生不同的影响作用。研究表明,积极心理资本直接影响员工对工作要求和工作资源的看法,并间接影响员工的主观幸福感和工作绩效。杨国亮等(2018)对航海大学生的心理资本和心理健康状况进行调查和研究,结果表明心理资本能够降低心理健康症状,提高心理健康水平。李桂粉等(2016)对医院护士的心理资本进行研究,发现护士的心理资本显著负向影响其工作倦怠水平。李凤莲(2017)研究发现心理资本对员工的创新行为发挥显著的正向影响作用。

二是中介效应模型。刘利等(2016)通过对矿工的焦虑症状进行研究,发现矿工的职业紧张水平和心理资本与其工作和生活中的焦虑症状具有密切联系,心理资本在付出回报失衡对焦虑症状的影响关系间发挥中介作用。周梅华等(2018)的研究表明矿工的心理资本在工作资源对工作倦怠的影响关系中发挥中介作用。毛翠云等(2018)研究发现对于新生代员工来说,当面临不同类型的压力时,心理资本在压力与工作绩效和任务绩效之间发挥不同的中介作用,比如在人际压力与任务绩效中发挥部分中介作用,而在经济压力与工作绩效中发挥完全中介作用。

对于安全心理资本的研究,王璟等从心理安全的角度出发,研究了矿工的安全心理资本和其不安全行为的关系,结果表明矿工的安全心理资本对其不安全行为决策水平具有显著的负向影响。同时发现安全心理资本会对员工的工作倦怠水平产生一定的影响。

1.3.4.2 心理社会安全氛围研究综述

(1) 心理社会安全氛围的概念

心理社会安全氛围源于对组织氛围、心理社会危害和工作压力等相关的研究。心理社会安全氛围是组织氛围的一个方面,代表了管理者对企业员工心理健康和安全的重视程度,可以预测员工的心理健康和安全,在企业的安全管理和安全生产中发挥着重要的作用。学术界起初是对安全氛围进行研究,主要研究工作环境、工作条件等对员工的生理健康和安全的影响。之后,相关学者开始研究工作压力对员工的心理安全和健康产生的影响。随着安全氛围和工作压力两个研究领域的发展,对员工的心理安全和健康、员工面临的工作压力和组织安全氛围等多层次、多方面的交互影响研究和交叉研究逐渐成为学术界研究发展的趋势。因此,心理社会安全氛围应运而生。

心理社会安全氛围和安全氛围均属于组织氛围的具体方面。有学者提出,安全氛围是指员工对管理层相对于其他组织问题而对安全问题重视程度的看法;安全氛围的一个关键特征是它告知员工生理安全的真正优先级;同时,安全氛围是指生理安全和健康的组织氛围,可用于预测组织作业中的个体生理安全行为。有学者将心理社会安全氛围定义为保护员工心理健康和安全的“具体政策、实践和程序”,可用于预测心理健康和安全,且心理社会安全氛围的流动主要来自高级管理层是优先考虑生产还是工人的心理健康。有学者指出,心理社会安全氛围凸显了企业内心理健康和安全的价值和重要性。

(2) 心理社会安全氛围的测量

目前,学术界较为认可和普遍使用的是心理社会安全氛围四维度学说。第一,管理承诺,侧重于高级管理层是否承诺并参与防止和减少工人工作中的不良行为;第二,管理优先权,是指与生产率或效率问题相比,高级管理层给予员工心理健康和安全问题的优先性;第三,组织沟通,强调了涉及心理安全和健康问题时,鼓励员工提建议和相互沟通的重要性;第四,组织参与,强调了涉及心理健康、安全政策和预防措施时,积极咨询员工、工会和职业健康与安全代表的必要性。根据心理社会安全氛围的开创性工作,有学者得出研究人员可以计算单一分数心理社会安全氛围指标的结论,所有相关研究都将这个变量视为一个整体。本书按照四维度量表测量心理社会安全氛围,并计算单一分数心理社会安全氛围指标。

(3) 心理社会安全氛围相关研究

心理社会安全氛围对员工心理健康与安全、工作投入和行为的影响机制主要包括以下两个方面。

① 心理社会安全氛围的主效应机制。在“工作要求-资源”(JD-R)理论模型中,主要包括疲劳过程和激励过程两个作用过程,心理社会安全氛围在这个双作用过程中主要作为前因变量发挥作用。从疲劳过程来说,组织中缺乏心理社会安全氛围可能导致设计不良的工作和长期较高的工作要求,可能会产生高水平的工作压力;缺乏心理社会安全氛围也可能导致隐藏情绪的压力增加。工作压力和情绪压力的增加会对员工的心理健康和安全问题产生负面影响,并会增加员工的不安全行为。因此,相关学者提出,心理社会安全氛围水平会对工作要求水平和工作条件产生影响,而工作要求又会在心理社会安全氛围对员工心理安全和健康以及行为绩效等结果变量的影响关系中发挥显著的中介作用。从激励过程来说,作为组织资源的重要组成部分,心理社会安全氛围可以促进其他资源的增加,管理者会向员工提供更多的工作自主权和支持度。进而,根据社会交换理论,员工会将管理者给予自己的支持和信任转化为对组织的回报,从而更加积极、安全地投入到工作中,并减少不良的心理压

力。因此，心理社会安全氛围影响工作资源，进而对员工的工作参与、安全作业和心理健康等产生影响。

② 心理社会安全氛围的调节作用机制。心理社会安全氛围调节工作要求、工作资源对心理健康和安全行为的影响。当组织具有较高的心理社会安全氛围水平时，即使组织对员工提出较高的工作要求，高心理社会安全氛围下组织的可利用资源的提升也会削弱员工对工作要求的消极响应，进而增加安全行为；反之，当组织的心理社会安全氛围水平较低时，即使组织所拥有的可利用资源较丰富，由于过低的心理社会安全氛围水平无法启动员工对于组织安全信号的发现和认识，无法提取到组织丰富的可利用资源，也会导致组织资源利用率低下，造成资源浪费，这会导致即使组织具有丰富的资源，也无法降低高工作要求对心理安全和健康以及行为绩效等的负向影响。

1.3.5 文本挖掘相关研究

1.3.5.1 安全大数据相关研究现状

(1) 大数据在安全科学中的应用方面

大数据在安全科学领域的应用先于理论研究，并应用于交通安全领域中的方案和食品安全风险预警。王妍妍等(2015)对公共安全大数据平台进行了顶层设计并计划投入使用；马小平等(2014)探讨了煤矿安全生产过程中大数据技术的作用。

(2) 安全大数据的基础理论与概念框架方面

许多研究从概念、模型和实证分析的角度分析了安全大数据。例如，将大数据应用于安全科学研究的方法、原理和前景，构建了数据驱动的安全决策概念框架；解释了大数据为食品安全问题预警系统做出贡献的一些例子；通过解析事故调查报告得出不安全行为的识别要素；总结归纳了安全大数据内涵、构成及其应用前景。

1.3.5.2 文本挖掘技术研究现状

刘香兰(2017)在煤矿企业现有条件的基础上，将文本挖掘技术与煤矿安全生产业务相结合，实现煤矿安全管理的可视化。谭章禄等(2018)研究了煤矿安全管理对象及其属性，优化了可视化管理体系，利用文本挖掘提取相关信息，提高煤矿安全管理效率。王海军(2020)挖掘煤矿安全生产管理过程中的文本信息，完善了具有正向激励作用的煤矿安全管理体系。

在预警模型和控制模型方面，许多学者尝试利用数据挖掘技术来达到煤矿安全管理的预警与控制效果。如贾红果等(2015)从大数据的理念出发，界定矿井大数据基本概念，构建大数据处理的职工不安全行为预控模式，挖掘了数据的潜在应用价值，以提高矿井安全生产水平。毛善君等(2018)结合空间信息技术，通过各生产子系统间的协同控制，实现智能矿井安全生产。杜毅博(2020)建立并分析了煤矿大数据集成分析平台各层级的技术架构和功能作用。王万丽(2018)根据实际煤矿生产过程中信息化应用的问题，提出煤矿安全生产大数据系统的功能及需求，完善了安全生产管理体系。朱红青(2018)利用大数据技术，分析尚未厘清规律的煤矿事故并建立预警模型。徐磊等(2018)将大数据技术与灾害预防机理相结合，为各种险情和事故处理提供监控和响应，由此打造智慧矿井的概念。

通过现有研究可以看出，煤矿安全管理越来越重视与大数据思维的结合，数据挖掘技术可以为煤矿信息数字化建设提供技术手段和参考。非结构化数据和半结构化数据的采集、存储、分析、集成和可视化将成为大数据创新的主要方向。鉴于此，可以利用煤矿积累的海量安全数据，甄别并提纯矿工行为相关数据，结合文本挖掘技术与可视化技术，全面系统地厘清矿工不安全行为的归类、知识及潜在规律，使矿工不安全行为的管理过程更具客观性、科学化、透明性和可视性。

1.3.5.2　文本挖掘技术应用研究现状

考虑到文本处理技术的严重局限性，20 世纪 90 年代数据挖掘技术被运用到文本信息数据上，至此，文本挖掘概念被正式提出。随后，文本挖掘技术发展迅猛。有学者介绍了文本挖掘的方法，指出了如何通过实体识别命名、文本分类、术语提取、关系提取和假设生成扩充文本知识库，帮助研究人员应对海量信息过载。刘俊丽(2014)通过数据清理、实体提取和共词矩阵构建，提供了乙型肝炎知识地图，并由实践证明得出文本挖掘得来的知识地图可以用于生物医学知识发现，为医务人员提供有价值的信息。此后，有学者开始将文本挖掘技术运用于文本型安全数据研究中。如张大伟(2015)将 OLAP 钻取操作与维间关联规则融合在一起，提出了关联规则算法，并由微软 SSIS 平台对煤矿历史安全隐患数据挖掘过程进行验证，为掌握隐患趋势和隐患治理提供了数据支撑。有学者围绕数据驱动的概念，以 2011—2020 年的 883 起煤矿事故报告为原始数据，应用关联规则算法发现特定组织因素的影响路径。陈聪聪等(2021)为探究尾矿库的隐患因素，从共现分析的角度引入文本挖掘技术挖掘出尾矿库的隐患因素，并建立隐患共现网络，实现了尾矿库隐患可视化。有学者为了给环境保护组织提供改善措施，通过文本统计和文本挖掘方法，分析科学生产的趋势，突出有争议的话题，探讨了环境管理体系与环境绩效改善之间的联系。

由此可见，当下文本挖掘技术运用在安全领域的研究主要集中在对文本型事故安全隐患数据的研究，而对行为数据的分析相对较少。综上所述，尽管研究煤矿生产安全领域不安全行为的文献较多，但仍然有需要进一步优化的问题，罗列如下。

(1) 在不安全行为统计研究方面。目前的研究主要采用问卷调查等来确定变量之间的统计关系，但该类方法包含的检测变量数量有限，无法全面完整地解释矿工不安全行为与其诱因，也不能明确哪些不安全行为是引发事故的高频不安全行为。

(2) 在不安全行为诱因研究方面。虽然研究者们逐渐意识到行为背后的诱因作用，但是目前关于不安全诱因的研究仅局限于对该变量的测度，以及对该变量与不安全行为的诱发关系研究，而对于不安全行为诱因的类型及其产生过程以及不安全行为诱因外化为不安全行为的概率等重要问题仍然需要进一步探讨。

(3) 在文本挖掘技术应用于不安全行为分析方面。如今文本挖掘技术已经比较成熟，被广泛应用于各行各业，但是还鲜少有学者应用文本挖掘技术来分析不安全行为与其诱因之间的关系。

1.3.6 可视化管理相关研究

1.3.6.1 可视化管理理论研究

国内外学者对可视化管理及其应用开展了积极研究，并取得了丰富的研究成果。有学者系统探讨了看板管理对精益管理的重要作用，这被认为是可视化理论形成的标志。有学者探讨了管理信息可视化的用户接受行为。有学者认为，可视化管理是通过 IT 技术使管理系统各环节透明化和可视化。有学者探讨了可视化技术在企业战略设计过程中的作用。有学者将可视化在计算机系统中实现，达到直观形象地进行可视化展示的目的。美国北卡罗莱纳州立大学以数据可视化算法的优化选择研究为目的，开发了众多可操作性强的可视化工具包和可视化协助系统，构建了建筑工地可视化管理系统架构。

我国学者李堂军认为，可视化管理就是结合管理学和计算机技术，将有价值的信息转变成为可直观展示的图形图像信息，以提升企业管理的效率。邢存恩等(2008)等针对采掘工程，开发了基于 GIS 系统的可视化管理系统。陈立龙等(2014)等解决了数据难以分析量化的问题，利用可视化技术，达到可视化展示体育教学过程的目标。王蕾蕾等(2015)解决了库存管理问题，以射频识别技术和 EDI 技术为基础，提出可视化药品库存管理方案。谭章禄(2016)厘清了可视化系统中主体、对象和方式方法之间的交互关系。

综上所述，可视化管理的理论与应用在越来越多的学科领域发挥重要作用，专家学者们已经明晰可视化技术的理论与应用是未来炙手可热的研究方向，并将可视化与特定行业领域进行学科融合。但是，从我国现如今的整体应用现状来看,可视化管理与某些行业相结合的效果并不理想。例如,可视化技术在煤炭行业中的实践作用并不明显和广泛,尤其缺乏对行为安全可视化的研究,矿工不安全行为可视化系统架构尚未完善,因此亟待开展可视化技术在矿工不安全行为方面的研究与应用。

1.3.6.2 知识可视化相关研究

伴随科学技术的快速发展以及大数据背景下急速膨胀的数据量,如何将有价值的信息、知识和规律从海量数据中有效提纯,成为亟待解决的问题。知识可视化旨在通过直观形象的方式表现难以理解和观察的知识,能有效提升信息的利用价值。知识可视化能在传达信息、观点和预测的同时,作为知识传播和创新的渠道,具有直观、形象、深度和高效的特点。知识可视化是指可以用来判别、展示和传递知识、规律的图解手段。国内关于知识可视化的研究虽仍在摸索,但其研究深度逐步加深,发展速度逐渐加快。赵国庆于 2005 年首次阐述知识可视化的内涵。我国当前对知识可视化的相关研究主要分为理论架构和实际应用两个方面。理论架构方面主要包括知识可视化内涵、信息提取与集成、可视化方法对比、理论基础、系统架构、视觉表征、工具软件、学科融合(安全管理、智能图书馆、医学护理、地理测绘、不安全行为)等。

当前,知识可视化主要应用在教育学、人际智能交互、情报科学、管理学、医疗医学等领域,在安全科学领域尤其是煤炭行业的应用研究尚处于起步阶段。随着煤矿安全大数据的投入使用,为解决数据量膨胀和信息提取能力不足等问题,知识可视化的应用研究迫在眉睫。因此,将文本挖掘技术、知识提取技术和知识可视化方法与矿工不安全行为管理相结合,能大幅度提高对矿工不安全行为的信息认知效率,促进对矿工不安全行为隐藏知识的挖掘、利用、展示、传播与共享。

1.4 研究内容及方法

1.4.1 研究内容

本书旨在为优化矿工行为安全管理提供新思路,改善煤矿职工安全行为水平或预防煤矿生产安全事故,立足于以人为本的原则,基于社会网络分析理论、事故致因理论等基本理论,围绕煤矿生产事故中不安全行为的特征和诱因,探索煤矿生产安全事故中不安全行为的内涵、分类及其诱因。

第一,本书在对国内外专家学者关于不安全行为的研究现状进行梳理和归纳,并对当前生产制造企业中普遍存在的不安全行为进行比较分析的基础上,对煤矿生产安全事故中不安全行为进行定义。

第二，根据本书的研究目的，选取适合本书的不安全行为的分类标准，并对其诱因特征进行总结。挖掘煤矿生产安全事故中的不安全行为与其诱因，收集近 10 年的煤矿生产安全事故调查报告，对数据进行描述性统计分析，并确定数据的科学性。

第三，运用文本挖掘技术进行分词、词频统计、关键词抽取以及文本特性分析，确定煤矿生产安全事故中的高频不安全行为与其诱因集合。分析不安全行为与其诱因的关联度和确定关键诱因。根据文本提取出的不安全行为与其诱因，构建共词矩阵和共现网络，以确定不安全行为与其诱因的整体密切关系，以及每个特征词在网络中的地位。

第四，构建工作压力对矿工心理社会安全行为影响的概念模型。以现有成熟量表为基础，进一步修订和构建本研究所用到的矿工工作压力量表、安全心理资本量表、心理社会安全氛围量表和心理社会安全行为量表。根据测量量表形成初始问卷后，向一线矿工发放预测试问卷。根据所获得预测试数据优化初始问卷，最终形成正式问卷，并向矿工发放正式问卷。根据正式问卷获得的数据，对所有最终确定的正式量表进行信度检验、效度检验、因子分析等。

第五，检验工作压力对矿工心理社会安全行为的影响机理相关研究假设。首先，对矿工的工作压力和心理社会安全行为等进行描述性统计分析，并分析各变量在个体间的差异性特征；其次，分析各变量之间的相关关系；再次，对工作压力、安全心理资本和心理社会安全氛围对心理社会安全行为的直接驱动效应进行分析，依次检验安全心理资本的中介作用以及心理社会安全氛围的调节作用；最后，对各项检验结果结合煤矿实际情况进行讨论分析，为进一步提出相关管理建议提供理论支撑。

第六，矿工不安全行为主题挖掘和语义分析。通过分析矿工不安全行为管理问题及数据来源，明确矿工不安全行为数据的类型、形态以及特征。针对矿工不安全行为，提出一个更为合理的数据挖掘与分析的方法。通过 LDA 主题挖掘模型，从矿工不安全行为记录中辨析具有代表性的矿工不安全行为主题，并使用 UCINET 和语义网络分析，探究关键词之间的潜在关联关系，实现对矿工不安全行为历史数据的深层次分析。

第七，矿工不安全行为知识可视化实现过程。应用设备层、网络层对应煤矿安全大数据进行收集和存储，完成矿工不安全行为数据的清理和预处理；数据层、挖掘层和展示层分别对应矿工不安全行为数据的集成和选择、数据挖掘和知识提取以及与矿工不安全行为相关的知识可视化这三个关键步骤，实现了数据的集成选择、挖掘分析和知识可视化展示。

1.4.2 研究方法

1.4.2.1 文献研究法

阅读国内外研究文献，搜集国内外有关不安全行为、不安全行为诱因和干预策略、事故致因理论、文本挖掘、社会网络分析等相关的文献资料，并对文献资料进行全面梳理和分析，探索出矿工心理社会安全行为的驱动因素，清晰界定各驱动因素的概念、内涵，并构建工作压力对矿工心理社会安全行为的影响理论模型和研究假设，为明确研究思路打下基础。

1.4.2.2 比较研究法

通过对不安全行为与其诱因结果进行深度比较，确定不安全行为与其诱因在不同网络模型中的特征，全面、全方位地厘清煤矿生产安全事故中不安全行为的形成条件，并对前人不安全行为管理思路进行深度比较，在此基础上提出适合我国安全管理的不安全行为预控策略。

1.4.2.3 内容分析法

将文本挖掘结果和数据分析带入事故报告中，由不安全行为与其诱因特征词表征意义，分析不安全行为与其诱因间的作用，评判每个特征词在煤矿生产安全事故中的实际意义，明确安全管理的侧重点。

1.4.2.4 问卷调查法

在对矿工心理社会安全行为及其驱动因素等文献进行阅读和分析的基础上，借鉴已有相关研究所设计的测量量表，根据矿工和煤矿企业的实际情况设计初始问卷，以矿工为研究对象，收集预测试数据，并根据预测试结果优化问卷，运用优化之后的完整问卷进行正式调研。矿工不安全行为知识可视化研究最终目的是挖掘并展示产生矿工不安全行为的本质规律和模式，提升矿工不安全行为预测准确度，帮助煤矿安全管理者科学、客观地决策。因此，对煤矿生产工作的实地调研不可或缺，收集2017—2021年矿工不安全行为相关数据，并对其进行规范化处理和文本挖掘分析，为实现矿工不安全行为知识可视化提供数据基础。

1.4.2.5 统计分析法

根据所获数据，对矿工的个体特征因素进行描述性统计分析，运用正态性检验、信效度分析、相关分析、层级回归分析和Bootstrap法等来探究工作压力对矿工心理社会安全行为的影响机理。

1.4.2.6 系统论的研究方法

从系统思想出发，将矿工不安全行为知识可视化研究所涵盖的各个因素看作整个系统，分析系统各环节的内涵和作用，并厘清它们之间的关联关系。

1.4.2.7 定量分析方法

采用层次聚类算法完成矿工不安全行为文本聚类，以层次聚类簇确定矿工不安全行为主题数；运用线性判别式分析，通过对特征词的算法加权、参数估计和交叉检验，将参数带入模型计算，最终获取矿工不安全行为主题挖掘结果，以分析研究矿工不安全行为的时空分布规律。

第2章 理论基础

2.1 煤矿生产安全事故中不安全行为的概念

2.1.1 不安全行为的定义

有关矿工不安全行为的研究一直是安全管理领域的热点和难点。若要进一步深入研究煤矿生产安全事故中的不安全行为，就需要明确不安全行为的含义，进而界定煤矿生产安全事故中的不安全行为。由于所处环境和行业的不同，目前，国内外没有一个统一的标准界定不安全行为。国外有学者在研究人因失误时，将不安全行为的概念等同于人因失误的概念，并没有区别研究不安全行为和人因失误。在国内，《企业职工伤亡事故分类》(GB 6441—86)中明确规定，不安全行为是指劳动者违反安全规章制度，甚至违反劳动律法，造成生产或生活事故的人为错误。除此之外，我国部分学者也对不安全行为做了不同的定义，部分有代表性的定义如表2-1所示。

表2-1 部分有代表性的不安全行为的定义

学者	不安全行为的定义
陈红(2005)、周刚(2008)	不安全行为是指在生产作业的过程中，曾经直接引起或可能直接引起安全生产事故发生的人因失误行为
霍志勤(2011)、王晓波(2017)	不安全行为是指背离组织或行为主体预期的行为，或是受外界干扰发生偏差的行为
阳富强(2020)、许林辉(2021)	不安全行为是指会导致事故发生的错误行为，包括无意识的差错行为和有意识的主动违规行为

由此可以发现，虽然学者们关于不安全行为的定义有所差异，但具有如下共同特点：① 与个人身体或心理缺陷有关；② 受外界条件干扰；③ 曾经引起或可

能引起事故。

本书在前期学者基础之上，将不安全行为定义为在主观因素或客观条件影响下，在生产作业中做出的可能导致事故发生的错误行为或失误行为。而煤矿生产中的不安全行为是指煤矿企业职工的不安全行为，是造成煤矿生产安全事故的错误行为与失误行为，包括违反煤矿劳动章程、操作范式等具有引发事故的冒险行为和危险行为；其行为主体主要为采矿区的一线采矿工人和采矿班组负责人。

2.1.2 不安全行为的分类

由于学者们研究方向、所处行业以及研究视角等的不同，不安全行为的分类也存在一定差异。根据不同分类标准，我们将前人不安全行为分类的研究成果经过文献梳理，并归纳为 3 类方法，分别为性质分类法、关系分类法和产生根源分类法。

按性质分类是指根据不安全行为的表现性质进行的分类。一类将人的失误情况看作没能做对某事和没能完成某事，从而将人因失误分为疏漏型错误和践行性错误；另一类依据工作性质差异将人因失误分为设计、操作、装配、检查、安装以及维修这 6 个方面的失误。

按关系分类指利用行为与某一其他性质之间的联系来分类，来源于失误心理学。张孟春(2011)基于文献研究，结合建筑安全管理指南和安全手册，将建筑工人不安全行为系统、全面地分成 9 个大类共 53 个小类。之后，张孟春等(2012)进一步深入研究，依据事故结果在多大程度上受不安全行为的影响，将不安全行为分为直接和间接两种，其中直接不安全行为是指员工没能及时、有效应对或处理危机从而引发事故；间接不安全行为是指员工的安全参与积极性偏低，不服从安全管理或不遵守安全制度等行为。

产生根源分类的方法，来自行为的产生过程。没有意向的行为是由于操作者没有经过深思熟虑或者由于粗心大意所引起的行为失误；有意向的行为则是指操作者经过仔细思考之后所采取的行为。邵辉等(2015)提出不同意见，认为有意识的不安全行为指的是员工带有目的性、故意不遵守企业安全规程和自然规律、擅自采取行动的行为；无意识的不安全行为指的是员工受到自身生理状态的影响出现感知偏差而导致安全风险的行为，并不是故意而为。

在现实煤矿生产活动中，不安全行为具有复杂性、多样性等特点，可能是群体风格的不安全行为，也可能是个人风格的不安全行为。基于此，从行为表现形式角度进行分类已被越来越多的学者认可。国际劳工组织从行为的不同表现形式将不安全行为总结归纳为 6 类，分别为：不在安全区域作业或不重视安全的态度、作业方法不安全、使用存在安全隐患的设备或工具、忽视安全警示、作业速度不安全以及使用的装置不安全。美国国家标准协会则通过收集整理的方式，定义了不安全反应、不安全位置、不安全工具的发放及使用、不安全程序以及未佩戴安全防护设备这5类不同表现形式的不安全行为。除此之外，我国颁布的《企业职工伤亡事故分类》(GB 6441—86)结合现实生产活动将13类行为定义为不安全行为，用来填报事故调查报告、界定职工事故责任，如表2-2所示。

表2-2 《企业职工伤亡事故分类》(GB 6441—86)中对不安全行为的分类

序号	不安全行为	序号	不安全行为
1	操作失误、忽视安全、忽视警告	8	在起吊物下作业、停留
2	造成安全装置失效	9	进行加油、修理、检查、调整、焊接、清扫等时，做其他不相关工作
3	使用不安全设备	10	有分散注意力的行为
4	手代替工具操作	11	在必须使用个人防护用品、用具的作业或场合中，忽视防护用品、用具的使用
5	物体存放不当	12	不安全装束
6	冒险进入危险场所	13	对易燃易爆炸等危险品处理错误
7	攀坐不安全位置		

由于本书以煤矿生产安全事故调查报告作为研究对象，将《企业职工伤亡事故分类》(GB 6441—86)作为本书文本挖掘数据统计的不安全行为描述的语料基础。

综上，通过对不安全行为分类相关文献的梳理，我们发现大多数研究者将不安全行为划分为有意识和无意识两类。由于本书的研究对象是煤矿生产安全事故中的不安全行为，为方便处理后续数据，使研究目标更明确、研究结果更准确且更具针对性，本书将从安全意识角度出发，把煤矿生产安全事故中的不安全行为分成有意和无意两个大类。其中，有意的不安全行为是指煤矿职工在知道一些行为是不安全或不符合规范要求的情况下，为了方便或心存侥幸，还是依然采取该行为；无意的不安全行为是指煤矿职工不知道其行为是会产生危害的一种不安全行为，强调的是行为的无意识性。

2.1.3 不安全行为的诱因

煤矿生产安全系统是一个相对封闭的系统，我们将通过对比分析国内外文献和事故资料，对煤矿生产安全事故中的不安全行为诱因从个体因素、物的因素、环境因素以及管理因素这4个层面的表现进行概述。

2.1.3.1 个体因素

诱发煤矿生产安全事故中不安全行为的个体因素，主要是指在事故调查报告中展现的生产作业整个过程中的个人特征、心理特点、安全认知和安全动机。其中，个人特征主要是指不同的身体条件所展现出的行为差异；心理特点是指不同的心理状况描述；安全认知和安全动机是指影响技能掌握的一些词汇表述。例如，受教育程度是矿工建立安全认识的基础，能够影响矿工设备操作；工作经验是否丰富，是矿工在遇到突发情况时是否及时选择正确处理方式的首要条件。

2.1.3.2 物的因素

诱发煤矿生产安全事故中不安全行为的物的因素，是指煤矿生产过程中所需设备、装置的位置或状态等。煤矿企业中包含的物，有采煤、运输、支护、掘进以及通风等所需的大型机械设备，也有自救器、防尘口罩、防护服等防护用品以及生产所需的物料。因此，煤矿生产中诱发不安全行为的物的因素主要有两个方面的表现：一是物品条件不允许，如设施设备质量不合格、残缺以及设施设备本身设计就不合理；二是人物交互差，如作业人员未按照要求进行存放、丢弃物料和工具等。

2.1.3.3 环境因素

煤矿生产安全事故中不安全行为的环境诱因总体可分为自然环境和作业环境两类。其中，自然环境是人为无法控制的不确定因素，包含雨、雪、雾等不良天气情况和复杂地质情况。这些不良自然条件在很大程度上会造成人的身体机能下降，并在心理上造成焦虑、恐惧等状况，从而诱发不安全行为。除此之外，恶劣的天气也可能会造成地质条件的变动，使得煤矿生产作业难度增加，促使矿工选择不安全行为。作业环境是指进行日常生产作业时所处的环境。作业环境对不安全行为的影响主要有以下几个方面：一是作业空间的太小，不够人和物良好互动。二是作业现场布置杂乱、工具摆放位置不佳，使矿工不能有效利用作业现场的材料、器具，导致作业安全性降低。三是光照、通风及空气潮湿度不足、不够，影响人体机能发展，使矿工的身体感受到不好的刺激，影响矿工的心理状态，使矿工产生抗拒心理，导致矿工无法集中注意力、反应迟钝、影响作业状态。

2.1.3.4 管理因素

为了约束人、物，使得煤矿生产更具有规范性、可控性，管理措施是必不可少的。诱发煤矿生产中不安全行为的管理因素可以分为企业管理和政府监管两个方面。企业管理指企业利用各种各样的人力、物力资源等对企业的生产活动进行多方面约束的语言表达，例如，安全、效益、技术、知识水平等多个方面的管理情况和制度落实。政府监管主要是指政府部门对整个行业生产的一些缺陷漏洞进行的排查监管、监督整治的语言描述。

2.1.4 矿工不安全行为的特征

2.1.4.1 *矿工工作的特点*

不同领域、行业、工种的职工所表现出来的不安全行为大不相同。煤矿这一特殊工作环境决定了矿工必须长期进行井下作业，其工作特点如下。

(1) 工作时间长，强度大。通过对煤矿企业的实地调研得知，煤矿企业日常生产中，分为6个班次轮流作业；每个班次的工作时长为4小时，加上矿工往返工作地点的耗时，实际工作时长近6小时。尽管煤矿企业机械化程度大幅提高，仍有大量繁重的工作需要人工完成。因此，与其他行业的员工相比，矿工工时长且强度大。

(2) 工作风险高。矿工在各个工作场景都面临不同的隐患威胁，如井下工作面临着水害及瓦斯等风险，高空作业面临设备故障的风险，一旦疏忽大意或操作不当，将会造成严重的事故和人员伤亡。

(3) 工作环境差。由于通常在井下工作，矿工不可避免地面临着粉尘、高温和噪声带来的危害，极易感到身心疲惫、产生不良心理和情绪。

2.1.4.2 *矿工不安全行为的特点*

在以上工作特点的作用下，矿工形成了具有独特属性的不安全行为，具体表现如下。

(1) 相对性。安全行为与不安全行为是模糊相对的，二者在某些时候并不能区分出来。矿工不安全行为的发生大多存在于特定情景下，在其他时空条件下也可能被视为安全行为。

(2) 传播性。由于矿工的工作氛围多为群体作业(班组或区队)，当某个个体发生了不安全行为，如果不及时遏制，群体中的其他个体将倾向于效仿该行为，并使该不安全行为快速在群体中传播，造成更严重的后果。

(3) 风险倾向性。在矿工工作环境、组织氛围、心理状况、情绪状态等多重因素的影响下，矿工对工作极易产生疲劳和厌烦。因此，为了获取更多的休息时间，有些矿工会选择不安全行为来尽快或省力地完成任务，此时的矿工行为风险性较高。

(4) 不确定性。在人-机-环-管的复杂系统环境下，无法预测矿工采取不安全行为的概率，且行为发生后也难以识别其是否为不安全行为。

2.2 文本挖掘理论

2.2.1 文本挖掘的定义

数据挖掘是数据技术发展的分支领域，而文本挖掘则是基于数据挖掘发展而来的,是计算机科学的一个新领域,它促进了自然语言处理、数据挖掘、机器学习、信息检索和知识管理的紧密联系。文本挖掘中的“文本”被定义为以数字形式存储的符号。而文本挖掘是以文本形式出现的信息,如新闻资讯、微博评论、电子邮件等作为挖掘对象,从中获取信息的结构、模型,并创造可理解知识的过程。文本挖掘区别于传统数据挖掘之处在于:用于文本挖掘的文档是一种特殊的数据,既无具体形式,也不是机器能直接理解的语义,其词的属性是稀疏的、高维的,大多数词的频率也较低。

2.2.2 文本挖掘的流程

文本挖掘分析的典型流程如图 2-1 所示。首先,我们在生成的文档集基础上,对文本数据进行预处理,这个过程可能占整个文本挖掘工作的 80%。通常在这个阶段进行分词处理的目的是将句子分成不同的词类,并根据同一段落或句子中同时出现的主题或词进行特征提取。然后,我们通过关键词共现分析、关联规则、观点挖掘、主题建模、情感分析等多种文本挖掘技术,对词的特征和频率进行定义和分析,以及对文本知识进行可视化处理。

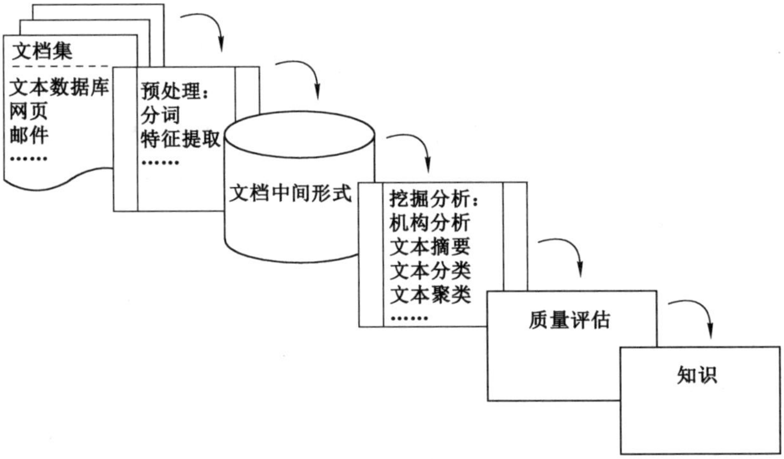

图 2-1 文本挖掘分析的典型流程

2.2.3 文本挖掘的分析方法

2.2.3.1 共现分析

共现指特征词共同出现的现象,而共现分析就是对调查报告中特征词共现次数进行量化分析的方法。通过共现分析,可以发现调查报告中隐藏的、可利用的知识,以揭示研究对象之间存在的某种潜在关系。共现分析类型丰富,包含文献耦合分析、文献同被引分析、作者同被引分析以及共词分析等,本书主要使用共词分析。

共词分析是将特征词词组作为共现信息中的最小单元，通过某一文本集中关键词的共现频率来揭示该文本集中特征词之间的联系紧密度。词共现分析的方法主要是建立共词矩阵和共词网络，在矩阵中两个特征词共现值越大，则认为其联系越紧密；单个特征累计共现值越大，则特征作用范围越广。在共词网络图中，不同的圆节点代表不同的特征词，其大小表现出节点重要程度不同。圆越大，则圆节点代表的特征词在整个词共现网络中的重要性也越高，与其他特征词的联系也更紧密。每个节点之间的连线表示连线两端的节点所代表的特征词出现在同一事故调查报告中。某一节点连接的线越多，则该节点与其他关键词出现在同一事故调查报告中的情况越多。

2.2.3.2 关联规则

关联规则是所有文本挖掘分析方法中用来揭示文本内在结构的重要手段，是指用于发现事物之间存在的隐含关联关系的一个过程。起初，关联规则主要用于超市购物分析，例如，零售店经理可以从交易之间的相互依赖关系中获得知识来制定战略营销决策，包括产品生产、产品上架和下架等，进而通过相关商品推荐和组合销售提高销售成交量。关联规则在实际运用的过程中具备有利的关联分析条件，是当下文本挖掘中最常用且最活跃的分支之一，如在电子商务领域、医疗领域、安全生产领域等，都存在应用价值。探索一组频繁项被认为是关联规则挖掘的基本操作，其内涵是指 $A\Rightarrow B$，如果存在 $A,B\neq\varnothing$，$A\cap B\neq\varnothing$，A、$B\subseteq T$ 那么 $A\Rightarrow B$ 就是一条关联规则。

关联规则中包含一次完整项目链的集合称为事务 T，$T=\{t_1,t_2,t_3,\cdots,t_i,\cdots,t_n\}$，每一个事务 T 内的每一个特征都代表一个项 $t_i(t_1,t_2,t_3,\cdots,t_n)$，其中包含至少一个项的集合被称为项集 $I=(i_1,i_2,i_3,\cdots,i_m)$。

评估关联规则的标准是支持度和置信度参数，它们都是项目集的子集。一个项目 $t_0\subseteq T$ 的支持度是指事务 T 包含 t_0 的概率，支持度越高的项目，出现的频率也越高。一条关联规则 $A\Rightarrow B$ 的支持度是指在所有的事务集 T 中，包含 A 和 B 同时出现的数量占 T 总量的百分比，如式(2-1)所示。

$$Support(A\Rightarrow B)=\frac{Count(A\cup B)}{Count(T)} \tag{2-1}$$

式中 $Support$ ——关联规则支持度；

$Count$ ——项数；

T ——项数总和。

置信度是指数据的条件概率，即在一个数据出现时，会有多大概率出现组合数据。在事务项 T 中，A 出现了，A 和 B 同时出现的数量占 A 出现数量的百分

比就是 $A \Rightarrow B$ 的置信度，如式(2-2)所示。

$$Confidence(A \Rightarrow B) = \frac{Support(A \Rightarrow B)}{Support(A)} \tag{2-2}$$

式中　$Confidence$ ——置信度。

衡量关联规则准确程度的标准是提升度($Life$)的值，代表的是 A 的出现，会对 B 的出现概率带来多大程度的提升。通常将提升度数值与 1 比较，当 $Life(A \Rightarrow B) > 1$ 时，表明 A 的出现不会增加 B 的出现的概率，该规则不具有现实意义；反之，该规则具有现实意义。当 $Life(A \Rightarrow B) = 1$ 时，表明 A 对 B 的出现不存在影响，彼此无关联，如式(2-3)所示。

$$Life(A \Rightarrow B) = \frac{Confidence(A \Rightarrow B)}{Support(B)} \tag{2-3}$$

式中　$Life$ ——提升度。

强关联规则是指支持度和置信度分别大于预定义阈值 minsup(最小支持度)和 confmin(最小置信度)的关联规则。强关联规则挖掘就是利用挖掘技术找出数据集 T 中所有支持度和置信度值大于最小阈值的关联规则。

关联规则挖掘有如下步骤：① 生成频繁项集，搜集全部大于最小支持度阈值的项集；② 生成关联规则，在上一步的基础上找出所有大于最小置信度阈值的规则；③ 找出强关联规则，通过提升度判别上一步生成规则中的强关联度。

关联规则的基本算法包括 Apriori 算法和 FP-Growth 算法。本书用到的是 Apriori 算法。Apriori 算法是一种表层搜索算法，是由 A 与 priori 合并组成，指后项由前项推出，其核心思想是基于三级频繁集的候选消除算法。它利用自下而上的方法来识别重复项集，逐级搜索在第 k 步挖掘结束时进入 $k+1$ 步。重复此操作，直到满足最终条件。在计算每个规则的支持度并将其与最小支持度阈值 minsup 值进行比较得到 k 个频繁项集，其过程由循环与剪枝组成。为了提高频繁项逐级产生的效率，Apriori 算法具有两个压缩搜索空间的性质：若 X 是频繁项集，则 X 的所有子集均为频繁项集；反之，若 X 是非频繁项集，则 X 的所有子集均为非频繁项集。

2.3 社会网络分析理论

2.3.1 社会网络分析的定义

社会网络分析通常被称为“特征词网络分析”或“语义网络分析”，是由 20 世纪 60 年代的西方人类学和社会学发展起来的定量分析方法。社会网络分析是指通过使用特征词对应的节点和指示节点之间关系的线创建关系图，以解释社会现象的一种分析方法。社会网络分析描述了来自未分类数据,而不是完全分类数据的结构化结果。换句话说,从关系的角度来看,社会网络分析的不是一个独立的对象,而是对象之间的关系,有助于更清楚地理解一种情况或现象。

2.3.2 社会网络分析方法

2.3.2.1 中心性分析

"中心性"是社会网络分析中的一个重要研究领域,用于在"度数"或者"距离"等概念的基础上评价节点中心地位和权力影响,从而识别网络中的重要节点。在社会网络中,每一个节点都有"度数",且在不同的网络中节点通常具有不同的"度数"。因此,一个具有高"度数"的重要节点决定了网络中的信息传播。评估节点中心性高低的指标有3个,分别是点度中心度、中介中心度以及接近中心度。

点度中心度是用连接数来表述每一个节点的地位或权力大小的指标,是指在一个社会网络中,如果某一个节点具有相对较大的连接数,那么该节点就具有核心地位,在该网络中该节点就拥有较大的"权力"。因此,可以通过点度中心度值来量化网络中每一个节点的重要程度。

中介中心度是指网络中所有节点对之间的最短路径中存在多少特定节点的指标。一般来说,这个指标用来表示每个节点的中间控制能力。假如某一节点位于许多其他节点对的路径上,则认为该节点具有控制其他节点联系的能力,若无这个节点,其他节点则无法进行联系。所以,可以通过中介中心度值来量化网络中每一个节点对资源的控制力。

接近中心度代表节点到达网络中所有其他节点的能力,表现为局部性和全局性的平衡能力,因此又称为亲近中心度。而在分析中,接近中心度关注的是节点之间的捷径而不是直接关系。如果一个节点通过较短路径与许多其他节点相连,则该节点具有较高的接近中心性。

各个中心度指标计算公式如表2-3所示。

表2-3 中心度公式汇总

	点度中心度	中介中心度	接近中心度
绝对中心度	$C_{ADi}=d(i)=\sum_{j}X_{ij}$	$C_{ABi}=\sum_{j<k}b_{jk}(i)=\sum_{j<k}g_{jk}(i)/g_{jk}$	$C_{APi}^{-1}=\sum_{j}d_{ij}$
相对中心度	$C_{RDi}=d(i)/(n-1)$	$C_{RBi}=2C_{ABi}/[(n-1)(n-2)]$	$C_{RPi}^{-1}=C_{APi}^{-1}/(n-1)$

注:其中 $d(i)$ 为节点 i 的度数;n 为网络规模;g_{jk} 表示节点 j 与 k 之间的路径长度;$g_{jk}(i)$ 表示节点 j 与 k 之间存在的经过节点的数目。

2.3.2.2 整体网络密度分析

整体网络密度分析区别于个体中心度刻画个体特性,其考虑了整个网络结构，被用来表述整个网络中节点间的差异化程度，用于衡量整体网络结构的紧密度和连通性。网络密度越大，特征节点联系就越紧密。网络密度计算公式如式(2-4)所示。

$$D=\frac{\sum_{i=2}^{n}\sum_{i=2}^{n}d_i(c_i,c_j)}{n\times(n-1)} \tag{2-4}$$

式中 $d_i(c_i,c_j)$——特征节点；

D——网络密度；

n——节点数量。

2.3.2.3 “核心-边缘”结构分析

“核心-边缘”结构是指根据社交网络中各个节点之间的联系程度，将节点分为核心部分节点和边缘部分节点两个部分，旨在了解社交网络中哪些节点处于核心位置，哪些节点处于外围位置。在“核心-边缘”结构中，网络中心紧密相连，网络外围分散分布。处于核心区域的节点被认为在网络中具有网络优势。

“核心-边缘”结构的主要特点为：处于核心区域的节点不再能继续划分为独立凝聚子群，同时处于边缘区域的节点彼此之间联系稀疏并呈现散射状边缘分布，其只和相对的某些核心节点存在紧密联系。

本书中的“核心-边缘”结构分析可以对不安全行为共现网络中节点“位置”结构进行量化分析或者可视化分析，区分出网络的核心与边缘，并从中发现节点的某些隐含价值。

2.4 事故致因理论

事故致因理论是以大量典型事故作为研究对象，对事故的本质原因进行分析提炼，最终得到事故产生机理的理论。事故致因理论的发展经历了由单因素理论到多因素链式理论，再到现代致因理论的过程。

2.4.1 事故频发倾向理论

事故频发倾向理论的研究对象是工人，它是指人自身具有的一种容易导致事故的稳定个人内在倾向，这类人被称为事故频发倾向者。1919 年，格林伍德对工厂内的事故次数资料按统计分布进行了统计检验分析，发现具有容易冲动、缺乏同情心、心里不平衡等心理或精神缺陷的工人比其他工人更容易引发事故。纽伯尔德在 1926 年提出了相似的观点，他进一步肯定了人格特征与事故之间存在着关联。凯姆伯斯和法默在 1939 年就此现象提出了事故频发倾向理论，并基于该理论指出，可以通过减少事故频发倾向者的方式来间接减少工业事故。

在该理论的指导下，如何正确选择职工成了预防工业事故的有效措施。通过一系列的人格测试，挑选出人格特征各方面都优秀的人才成了企业招聘的必要手段。但有学者指出，该理论过分夸大了人的性格特征在事故中的作用，认为工人的性格特征是造成事故的唯一因素，所以其在实际生产中只具备部分参考意义。但是从行业适用性来看，该理论首次将事故的发生与具有主观能动性的人联系，给事故致因研究提供了新思路。

2.4.2 事故因果连锁理论

事故因果连锁理论由海因里希首次提出，后续又发展出了现代因果连锁理论、北川彻三事故因果连锁理论等一系列事故因果连锁理论，其中较为著名的是海因里希因果连锁理论和现代因果连锁理论。

2.4.2.1 海因里希因果连锁理论

海因里希将工业事故的产生和发展过程归纳为一个因果连锁反应。他认为，最终人员的伤亡就是事故的结果，而事故发生的前提是人的不安全行为或物的不安全状态，其中人的缺陷又是源于环境的恶劣或者先天的不足。他用多米诺骨牌来形容这种事故因果连锁关系，如图 2-2 所示，当一块骨牌倒下时，会牵带后面的骨牌接连倒塌，而最后一块骨牌即为伤害事故。因此，海因里希因果连锁理论又被称为“多米诺骨牌”理论。

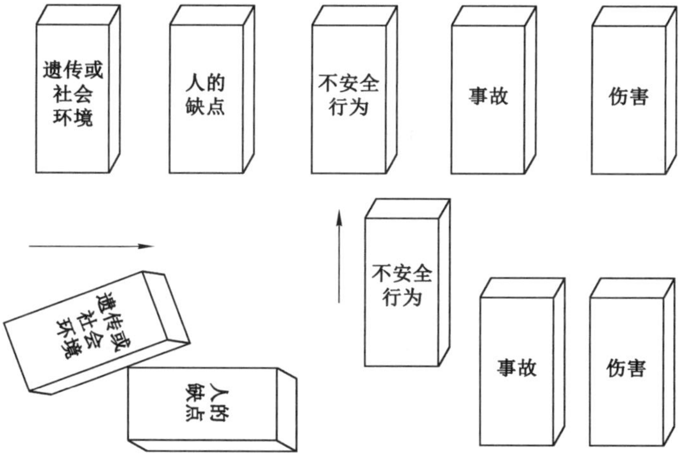

图 2-2 海因里希事故因果连锁

海因里希因果连锁理论的重点在于因与果的逻辑关系，其优点在于可以由事物发展的规律、性质，人的行为特点以及一些其他因素，较具条理地梳理、推断出事故的具体原因；其缺点和事故频发倾向理论一样，过于关注人，存在一定的时代局限性。

2.4.2.2 现代因果连锁理论

现代因果连锁理论是由学者博德基于海因里希因果连锁理论提出，该理论的因果连锁过程同海因里希因果连锁一样，分为5个要素，每个要素反映了现代安全管理的不同含义。

现代因果连锁理论具有如下论点。

(1) 控制不足(管理失误)。博德认为，对事故的预防完全依靠技术措施是缺乏经济价值和现实条件的，安全管理只有随着生产发展动态去调整安全方针、政策等，才能预防事故。

(2) 基本原因(起源论)。要想从根源预防事故，就要知道事故的起因是什么，其核心就是控制问题背后的原因，从而预防后续要素的发生，从而达到预防事故的目的。

(3) 直接原因(征兆)。直接原因只是展现了事物的表象，如果在现实生产中只关注直接原因，就会忽视根源问题，达不到从根源上解决问题的目的。

(4) 事故(接触)。博德认为，事故是人和物超过了接触的承受范围，因此防止接触就可以预防事故，而防止接触的办法可以从设备的改进上来实现。

(5) 受伤、损坏(损失)。博德认为，受伤包含职工在工作中造成的一次性工伤和长期在不良环境下形成的职业病或精神病；损坏即指设备、工具等丧失使用功能，而受伤和损坏均是企业的损失。

2.5 矿工不安全行为知识可视化内涵

矿工行为相关数据及其中蕴藏的信息、经验、知识与规律是值得发掘的，详细分析在煤矿安全生产过程中出现了哪些矿业活动不安全行为认识，以及这种认识与对提高安全生产管理能力之间的重要关系，是对隐性专业知识研究和运用的重要前提，也是革新安全监管模式、提高安全生产管理能力、提高安全监管技术水平的重要基石。

2.5.1 矿工不安全行为知识内涵

有学者认为人类具有两类意识：一类是以书面文本、图形或者数学公式加以描述的知识，另一类则是人类尚未被描述的隐藏于事物之中的知识。前者称为显性知识，后者则称为隐含知识。之后，许多研究者在企业管理学、心理学、组织行为学等各个学科领域中细化了对隐性知识的探究，见表2-4。王众托认为隐性知觉包括了经验、意识、直觉等，是人们经过实际探索和感受而得到的。

表 2-4 隐性知识相关文献比对

学科领域	概念
格式塔心理学	隐性知识是指未被正确表述的东西和在做出某事的行动中所掌握的东西
法理学、经济学	隐性知识是指人类的习性、倾向和心态、工具和制度等组成了人类行动基础的“非理性”因素，而这种东西则是隐性知识
心理学	隐性知识是指以行动为导向的东西，往往没有其他帮助可以获得，使个人得以达到其要求的价值目标
管理学、组织行为学	隐性信息是指在个人经验中的东西，包含个人信仰、价值观和情感等无形要素
组织理论	隐性认知不仅存在于人类的思维中，而且存在于社会组织中

煤矿企业管理中具有许多类型的信息，本章所探讨的矿工不安全行为信息是指，在物联网、互联网、大数据等新型技术在煤炭生产过程中的运用越来越普遍，矿井信息化的管理水平也日益提升，积聚了海量安全信息的大背景下，在矿工不安全行为信息中所蕴藏的对防止重大安全事故的产生、提高企业安全管理决策能力和生产过程优化能力等有实用价值的法则、准则和模型。其中隐藏的值得发现的规律、法则与方法统称为隐性知识，这一类的隐性知识通常需要利用数据挖掘、文本挖掘等技术手段加以分析、发现，而对其分析、发现的过程便是从海量不安全行为数据中挖掘具有使用价值的信息的过程。

2.5.2 矿工不安全行为知识特性

借助智能矿井的建立与运用，部分矿井实现了对员工、设施、环境等安全管控对象的智能化感知，为我国煤矿安全管理工作累积了大量的安全数据。另外，为维护国有财产和矿井工作人员的人身安全，我国政府制定了各种煤矿安全政策法规和制度，煤矿企业也建立了各类安全管理体系，而这些通过信息系统和装置自动收集的在安全管理活动中产生的各种各样的数据，共同构成了矿工不安全行为数据。蕴藏于矿工不安全行为数据中的隐性知识一般具备以下特性。

2.5.2.1 隐蔽性

矿工不安全行为隐性知识块有很大的隐蔽性，利用传统的大数据分析、历史检索、分类、报表和直观的图像显示技术，无法有效辨识与发掘蕴含于海量数据之间的相互关联关系、时间变化规律、致因机制等隐蔽知识点。此外，鉴于矿工不安全行为数据块存在类型繁杂、价值密度低、成长速度快、规模巨大等特征，利用传统的数据处理加工技术手段与能力也无法掀开其神秘的面纱，如果不能运用新科技的工具和方式加以挖掘，则这种被埋没的知识金块将无法进行有效宣传、分享和运用。

2.5.2.2 依存性

矿工不安全行为隐性知识依存于特殊的内部安全管理活动流程之中。而脱离于特殊的内外部安全环境与内部安全管理流程的隐性知识则是不可能存在的，所以矿工不安全行为的隐性知识也隐含于内部安全管理当中，是客观存在的，只不过暂时性还未被发现罢了。

2.5.2.3 动态性

矿工不安全行为隐性认知是在矿井持续开发与安全管理实际活动过程中逐渐积淀的。随着矿井开发技术的不断进步、安全管理体系数量的日益增加和计算机技术的快速发展，蕴涵其中的法则、准则与模型是随各个时间维度动态发展的，并随着时间的变迁而发生变化。

2.5.2.4 增值性

矿工不安全行为隐性知识是煤矿企业安全管理创新的重要源头，对矿工不安全行为隐性知识的全面发现和合理运用，是改变煤矿企业发展的安全形势、创新安全管理、适应企业创新驱动的发展理念、顺应煤炭行业转型升级等迫切需要的重要关键。所以，对矿工不安全行为隐性知识的全面发现、掌握、合理运用和共享，不但能够提高煤矿企业发展现有的知识存量，同时隐性知识和显性知识的有机融合会形成“1＋1＞2”的效应，将使煤矿企业减少安全经营的风险，提升煤矿企业安全管理创新能力，改善煤矿企业安全管理状况，推动煤矿企业保持长期、安全、健康发展，进而使煤矿企业发展取得更大的经济效益和社会效益。图 2-3 为隐性知识与显性知识的相互转化示意图。

图 2-3 隐性知识与显性知识的相互转化示意图

通过对矿工不安全行为特征提取可以得知，由于矿工行为管理涉及的信息繁多，包括采掘运、交接班、安全培训等多个环节和流程，并构成了海量异源、多维、复杂的信息量，所以矿工行为管理实质上是一个循环往复的、全面的数据收集、信息加工管理、信息获取，并最终做到安全管理决策和指导煤矿生产活动的过程。但是，由于煤矿企业的内部信息系统问题丛生，虽然目前煤矿企业常用的综合信息化技术与安全生产管理方法可达 40 余种，但采集到的数据仍仅限于信息表面的直接应用，当煤矿企业面临着大量的不安全行为数据时，煤矿企业安全管理人员往往缺乏有效获取大量数据背后隐含的行为主题和潜在规律的有效工具。

2.5.3 矿工不安全行为知识可视化对象

矿工不安全行为知识可视化系统是指面向在煤矿安全工业生产过程中所形成的海量不安全行为及其相关数据,通过数据挖掘、文本挖掘和可视化技术等科学方式和技术手段加以有效分类,将蕴藏于不安全行为数据集中有价值的法则和模型信息更加透明化、显性化和视觉化,提升安全管理人员的信息感知效能,有效引导煤矿安全生产方式,并最终达到安全生产经营效果。所以,对矿工的不安全行为知识可视化是煤矿安全管理工作的关键环节,也是煤矿安全信息可视化管理理论体系的重要部分。矿工不安全行为知识可视化管理内涵如图 2-4 所示。

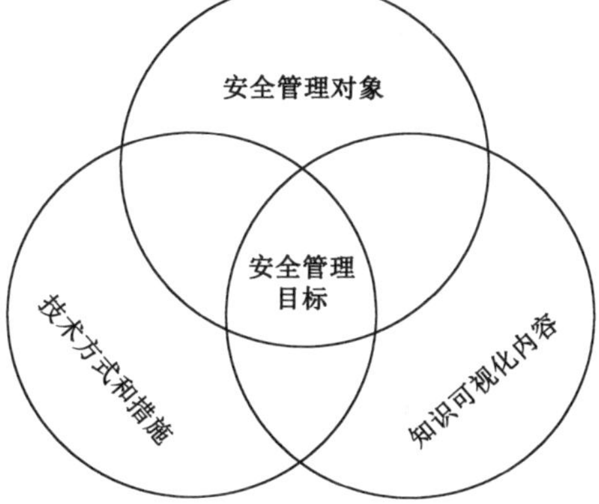

图 2-4 矿工不安全行为知识可视化管理内涵

第一,在安全管理对象方面。本书根据国家安全物质管理体系(安全设备、安全支护、安全环境监控监测、危险源辨识与评估、安全性隐患排查、应急救援等)、国家安全性人员管理体系等国家安全管理体系而形成的大量物质安全性信息,在多维环境下研究矿工不安全行为。安全数据不仅包含利用物联网信息技术主动感知的井上井下环境情况、各种主要设施和生产综合自动化控制系统等的工作情况和变化趋势等数值式数据,还包含矿图、视频等监测时形成的图片、录像、声音等数据,甚至还有危险排除时生成的文字数据。

第二,在技术方式和措施方面。矿工不安全行为的可视化管理模式,与传统的"以管理经历为主、制度为辅"的严重依靠管理人员成功经验的管理方式有着根本不同,尽管经验管理能够总结教训,但单纯依靠个人成功经验的管理仍存在较大的局限性和片面性。计算机技术的发展,为矿井安全性大数据的收集、传输、保存、加工与提取,提供了科技保障。本书所研究的矿工不安全行为知识可视化管理，是指通过数据挖掘、图像发现、数据可视化等技术和手段，对数据型信息、图像型信息进行研究、发现，并将提取的原理、规律和数据利用可视化技术进行加工整理并可视化显示，以实现信息的扩散、创新、获取和利用，最终服务于国家安全管理决策。所以，本书研究的矿工不安全行为知识可视化预测和传统的信息发现并不完全一致。

第三，在知识可视化内容方面。矿工不安全行为的隐性知识非常丰富，包括不安全行为的空间分布规则、不安全行为的产生规则和模型、最容易产生不安全行为的个人特征等，并将其中蕴藏的有实用价值的信息、规则和模型显性化，可得到矿工不安全行为的显性知识。矿工的不安全行为管理显性专业知识，主要涉及招聘规定、管理体系、作业标准、紧急预案等，而利用对管理显性专业知识的可视化能够让这种机制性的、规范的东西变得更为形象生动，这样便于管理者接受并掌握专业知识、高效地做出应对决策。

由此可知，众多矿工产生的海量行为信息数据是矿工不安全行为管理的研究对象；数据挖掘、文本提取和知识可视化技术为矿工不安全行为可视化管理系统提供技术支撑；数据之间的潜在关系、发展规律及关联信息是矿工不安全行为可视化管理系统的研究内容。

2.6 知识提取相关理论

2.6.1 知识表示

知识表示是信息获取的前提条件和基础，是利用一种方法把各种来源的信息进行形式化表达和储存，进而方便计算理解和应用。这样，知识表达技术可以给各种来源的信息对象创造一个统一的表达空间，并进行信息的融合。知识表达技术一般要坚持下列准则。

(1) 表达能力：仅使用一种能力表达方法，可以对题目所要求的所有东西加以恰当表述。

(2) 可推断性：在现有认识的基础上，可以发掘并拓展隐藏的东西。

(3) 可认知性：用知觉表示方法描绘的东西应该和人们的思想一致，从而便于人们认知。

(4) 可维护性：可以通过知识的方式描述知识点，在后期便于使用者扩展和操作。

根据这些知识点的表示原则，我国研究者对基于谓词逻辑、产生规律、语义网、框架以及面向对象等知识表示方式，开展了大量而深度的研究。通过这种描述方式，知识表示按照其自身的特征对现实问题中的知识点加以说明，并获得了应用。但是,这种方式并没有确定意识在表达、传播与共享流程中的统一性与二义性。而且,通过这种方式也难以实现更具复杂性的推理任务。

2.6.2 知识提取技术

知识提取中所包含的知识,一般是指概念明确的事实性信息。有学者对早期的科学研究工作做出了汇总,并把科学知识抽取分类为所有词语、同义词、概念、概念层次、相互关联、关系层次等各种自下而上的子任务,如图 2-5 所示。通过知识提取技术,可以从数字资料中认识、发掘并获取信息、事实、规律和关联关系等。按照不同数据源,知识提取技术分为广义和狭义两类。前者是指在数字信号、多种媒介资料等各类数据和信息源中提取知识和发现重要模型,而后者则是把信息源限定在非结构化的文字信息源中。知识提取主要技术介绍如下。

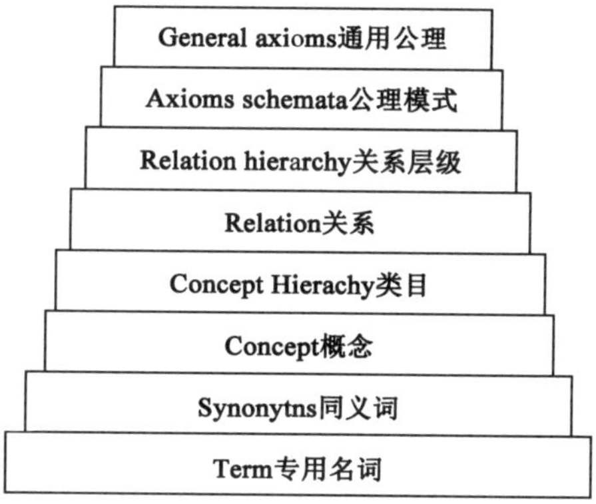

图 2-5 知识抽取任务层级图

2.6.2.1 基于规则的方法

基于规则的方法,因为简洁快捷、容易实施而成为知识获取中最先被采用的方式。学者可以通过采用正则表示等办法,制作正确的特征模版而对实体信息加以提取。虽然提取效果较高,但随着语料的扩大,语义表述的方法也更加丰富多元,制定的规范便无法满足任何符合条件的实体,而且由于规范量的扩大,规范间发生冲突的可行性也相对增加,后期可维持的成本跟着增加,运转周期也和规范量大小成正相关。同时,由于这些方式对规范有很大的依赖性,与文字表述的范畴有所不同,旧的规范模版也就无从采用,因此无从转化。故基于规则的方法目前常当作辅佐手法,多运用在较严格的文字中。

2.6.2.2 发展基于统计机器学习的方法

随着机器学习算法的发展,机器学习方法在知识抽取中有了更广泛的运用,并逐步替代了传统的基于规则的方式。数据机器学习使用编码的方法，对大规模文字语料的不同区域加以标记，并通过标识的界限和类型判断实体的界限和种类，从而可以通过统计机器学习算法确定和提取出相关实体。对抗式建模和判别式模型是在命名实体辨识中经典的两种数据机器学习算法，隐马尔可夫模型是解答序列标识提问的常见发生式建模，判别式模型的典范为条件随机场模型。另外，还有一个发生式建模的改进版，即最大熵马尔可夫模型。作为条件随机场模型的前身，最大熵马尔可夫模型在处理序列标注任务时，虽有其独到之处，但在实际应用中，条件随机场模型因其采用维特比算法充分考量了输出序列的上下文关系，并对假设约束保持最小，从而展现出更广泛的应用前景。特别是在命名实体识别领域，条件随机场模型已成为主流的计算机认知模型。

机器学习算法的一个共性特征在于，它们要求用户能够自动地从文本数据中提取所有有效的特征。以当前实践中较为普遍的将条件随机场模型与特征模块相结合的方法为例，在模型训练阶段，首要步骤是通过人工方式对语句中的特定区域进行顺序标记，以定义窗口；随后，这些被标记的区域会被用来提取符合实体概念的特征，这些特征将作为模型训练的基础，以提升模型在命名实体识别等任务上的性能。

2.6.2.3 发展基于深度学习的方法

近年来，由于硬件科技的持续研发提升，加上文字分布式表达模型的迅速发展，深度学习方法日益完善，神经网络在文字挖掘应用领域中取得了非常好的成效，并已逐步形成了主流方式。采用深度学习的方法通常是通过对文字进行分布式表达，把传统对文字的单独热编码过程映射成更低维稠密度的空间向量，并以分布式程序的形式进入深度学习模块中。通过使用深度学习模块超强的非线性表达自动进行对文字的特征提取功能，减少模块中对特性模块和特性工程的依赖性，端到端地实现了对实体辨识的任务。

基于深度学习的实体识别方法，在中文中可以根据输入、输出方式的不同区分为基于文字的方法、基于词汇的方法和基于语句的方法。其中，基于语句的方法因为输入、输出粒度很大，只包含了篇章信息，而没有语句内部的上下文信息，因此实际应用较少。基于词汇的方法，由于必须提前对语句进行分词方法，因此分词算法的性能差异也会对实体辨识的有效性产生一些影响。而基于文字的方法，则由于无须对文字进行分词方法预处理，在一定程度上减少了未登录文字对实体辨识的负面影响，但是相比于词汇，文字所承载的语义信息却相对不足，容易出现信息不充分的问题。由于目前深度学习方式多是单向的文字输入，所以，每个方法都存在问题和不足，还有很多研究和优化的空间。

2.6.3 DIKW 系统

DIKW 概念模型，亦称为 DIKW 系统（DIKW Hierarchy）。DIKW 的价值传递系统将数据（Data）、信息（Information）、知识（Knowledge）及智慧（Wisdom）分成 4 个层级系统，如图 2-6 所示。它是以数据为基础的架构，并根据信息流顺序依次实现从数据到智能的转变。DIKW 系统成功的关键在于信息技术资源“社会价值”的提高，进而构成逐级提高的“价值链”。经过检索、实践、吸收、交互、回馈的过程，将各种数据结果、消息、经验转化成资讯情报、知识，其核心内容就是活化了的（传播性）、个性化的（实用性）和可克服随机不确定性的内容（知识性）。DIKW 系统是一种工作内容模式，可以让人从中认识其概念和分析其意义。DIKW 系统适用于信息技术和知识产权管理工作，这 4 个层级系统间的构成和功能方面的关联形成了现代信息技术的理论。

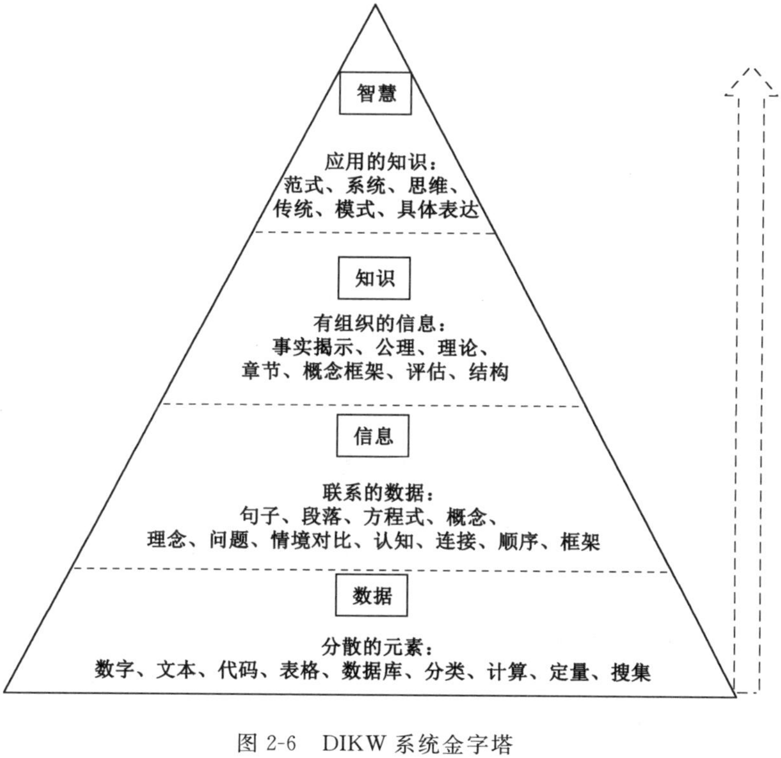

图 2-6　DIKW 系统金字塔

第3章　矿工不安全行为诱因提取、分类及网络分析

3.1　煤矿生产安全事故调查报告的选取及其描述分析

煤炭是世界范围内的重要资源，煤炭行业是我国的支柱产业，煤矿生产安全状况对我国经济发展至关重要。近年来，我国煤矿生产安全事故逐年下降，但煤矿生产安全事故仍时有发生。众多研究表明，减少人的不安全行为可以有效预防煤矿生产安全事故。因此，从不安全行为与其诱因之间的关系出发，找到不安全行为预控的切入点，将所有种类的不安全行为和不安全行为诱因整合在一起，分析事故调查报告中不安全行为与其诱因的特点，提取特征词形成不安全行为清单，并对不安全行为与其诱因进行归纳分类，可以为后续分析不安全行为与其诱因之间的关系打下基础。

3.1.1　煤矿生产安全事故调查报告的来源

为了准确研究煤矿生产安全事故中不安全行为的诱因要素，就需要所选取的事故数据不但来源要具有权威性、可信性和统一性，而且内容也要具有时效性和足量性。基于此，本书在数据源选择时，首先选择政府官方发布的信息。

通过网上数据查阅发现，政府官方网站公开的权威事故信息分为事故简报和事故调查报告两种形式。其中，事故简报只是简单地公布事故地点、伤亡人数及经济损失信息，内容简短，缺少详细、完整的事故调查内容，缺乏具体的数据内容、充实的事故原因和事故背景表述，不能满足本书研究目标对语料的要求。而对事故调查报告，国家有明确的撰写规范要求，其对事故的发生过程、类型、等级、责任主体以及经验教训等都有详细表述。因此，从研究数据的真实性、可靠性和完备性出发，只有国家矿山安全监察局以及各省市的矿山安全监察局等官方权威网站发布的煤矿生产安全事故调查报告才能够满足本书对数据源的

要求。

3.1.2　煤矿生产安全事故调查报告的描述

3.1.2.1　事故调查报告的时间分布

随着时间的推移，煤矿生产的安全状况和国家安全政策都会发生变化。为了保证所获取事故调查报告内容的时效性和结构统一性，本书最终选择收集我国近 10 年的煤矿生产安全事故调查报告。

在事故调查报告收集过程中，我们发现其中有一部分调查报告是以图片形式呈现的，也有一部分事故调查报告内容不完整，所以为了不影响后续文本挖掘数据的分析过程，减少数据噪点，经过进一步检索与筛选，最终共收集到 339 份我国在 2012—2021 年发生的煤矿生产安全事故调查报告，这些事故调查报告按照年份划分的时间分布情况见图 3-1 所示。

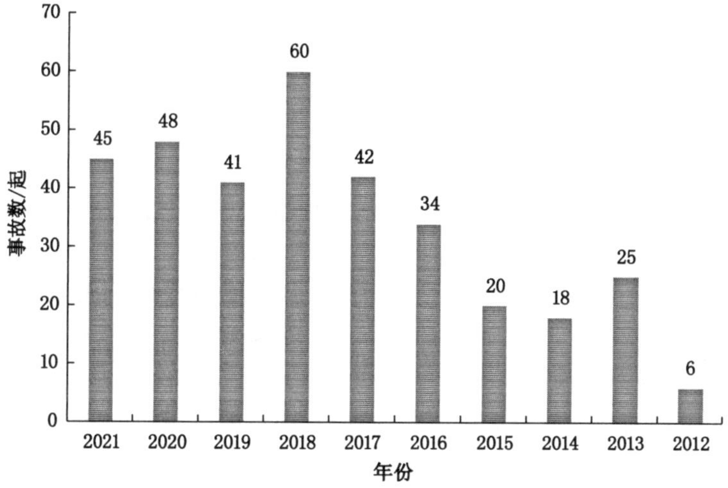

图 3-1　事故调查报告时间分布情况

从煤矿生产安全事故调查报告时间分布来看，调查报告主要集中分布于 2017—2021 年，占比约为 69.62%；调查报告最少的年份是 2012 年，只有 6 份，占比不到 2%。出现该现象的原因有两方面：一是因为各大网站数据保留情况不一样，有的只保留了近 5 年的数据；二是近年来监察力度的加大导致信息公开化、透明化。

3.1.2.2　事故调查报告空间分布

据国际矿业网的数据显示，我国的煤矿资源主要分布在山西、内蒙古、陕西、新疆等地，其次是贵州、宁夏、安徽、云南、河南、山东、黑龙江等地。就开采量来看，最多的是山西和内蒙古，其次是陕西和新疆，它们的总产量占到全国的

75%～80%。

为了保证事故调查报告数据的空间多样性，避免地域偏差对诱因分析的影响，本书收集的事故调查报告空间跨度包含了我国 23 个省（自治区、直辖市），分别为黑龙江省、江西省、陕西省等 18 个省和内蒙古自治区、广西壮族自治区等 4 个自治区以及重庆市 1 个直辖市。详细的事故调查报告情况见图 3-2 所示。

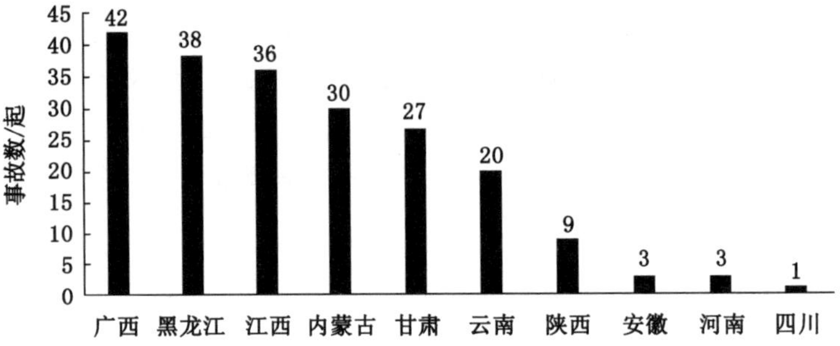

图 3-2　事故调查报告情况

从图 3-2 的煤矿生产安全事故调查报告情况来看，报告地域分布并不均匀，如广西、黑龙江、江西、内蒙古与甘肃的调查报告数量较多，事故均在 25 起以上。此现象首先反映出不同地方的官方平台对事故调查报告的公布和保留情况不同，其次也表明这些地区发生事故的情况多于其他地区。

3.1.2.3　事故调查报告的事故等级分布

在煤矿生产安全事故调查报告中，按照我国目前执行的《生产安全事故报告和调查处理条例》事故等级标准，以事故造成的死伤人数和财产损失为根据，把煤矿生产安全事故分成了 4 个等级，如表 3-1 所示。

表 3-1　事故等级划分

等级	范围
特别重大事故	死亡人数≥30 人；重伤人数≥100 人；直接经济损失≥1 亿元
重大事故	30 人＞死亡人数≥10 人；100 人＞重伤人数≥50 人； 1 亿元＞直接经济损失≥5 000 万元
较大事故	10 人＞死亡人数≥3 人；50 人＞重伤人数≥10 人； 5 000 万元＞直接经济损失≥1 000 万元
一般事故	死亡人数＜3 人；重伤人数＜10 人；直接经济损失＜1 000 万元

在表 3-1 的基础上，将收集到的 339 份事故调查报告按照事故等级进行归纳统计，得到如图 3-3 所示的煤矿生产安全事故调查报告等级分布情况。

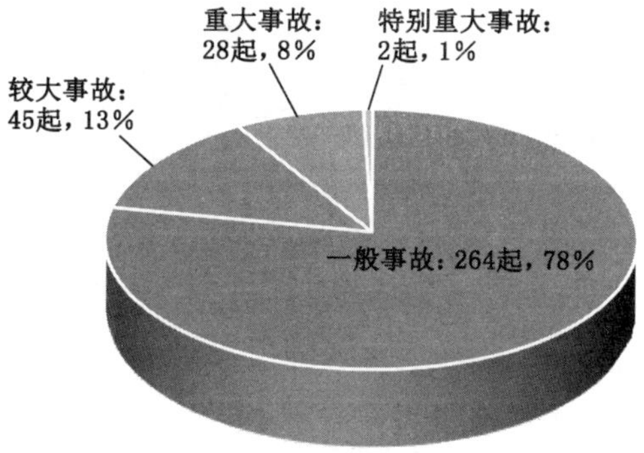

图 3-3　煤矿生产安全事故调查报告等级分布情况

由图 3-3 可知，统计到的煤矿生产安全事故调查报告中，不同等级事故的占比不同，其中一般事故占比最高，占所有事故调查报告数量的 78%，有效证实了我国煤矿生产安全治理现阶段取得了一定成效。除此之外，剩余三类事故等级中较大事故占比最高，占比为 13%；其次是重大事故和特别重大事故，占比分别为 8%和 1%。对比分析发现，重大事故和特别重大事故虽然占比较少，但并未完全消除，而且这两种事故一旦发生，带来的人身伤害和经济损失都是巨大的。因此，煤矿生产安全治理依旧不能放松警惕。通过梳理事故调查报告发现，瓦斯事故、火灾以及顶板事故是主要的重大和特别重大事故类型，而众多研究表明这三类事故均与矿工的违规操作、违规指挥、危险源管理不到位以及管理规章制度缺失、管理体系不全、应急处理不力以及隐患排查不到位等存在关联。

3.1.2.4　事故调查报告的事故类型分布

事故调查报告中对事故类型也有明确表述，我们将收集到的 339 份事故调查报告按照事故类型进行统计，得到如图 3-4 所示的事故类型分布情况。

由图 3-4 可知，339 份煤矿生产安全事故调查报告按照事故类型被分为顶板事故、运输事故、瓦斯事故、机电事故、水害事故、爆破事故、火灾事故以及其他事故。其中顶板事故最多，占比为 30.97%；其次是运输事故和瓦斯事故，占比分别为 21.83%和 15.04%。通过查阅资料发现，顶板事故产生的原因除了支护设计不符合规范、支护形式落后、材料质量差等物的不安全状态外，还有矿工未按要求进行生产作业，造成相应支撑系统失稳冒顶等人的不安全行为。运输事故产生的原因也与人的粗心大意有关，表现为不注意闪躲、不遵守作业规定、不

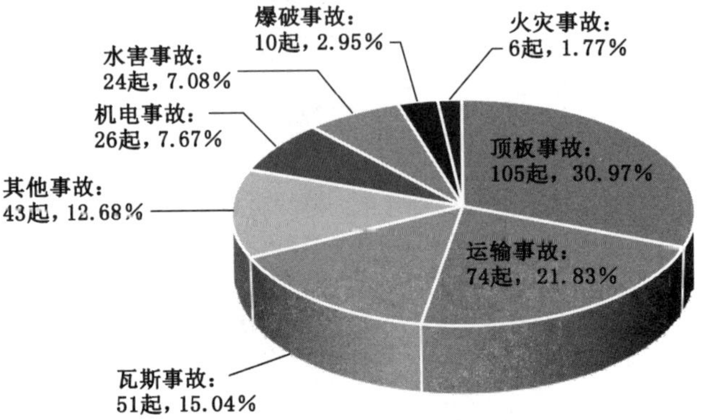

图 3-4　事故报告按照事故类型分布

按规定运送材料以及不按规定乘车等造成的人身伤害，并且可能发生在矿井作业的各个环节。瓦斯事故产生的原因主要是矿工的安全认知水平不高、地质条件复杂以及技术水平不高等。由此可见，三类发生最多的事故都离不开人的责任，故应重视对人的不安全行为的管理。

相较以上三类事故，其余类型的事故虽然占比并不算高，但是破坏性极大。单是 2020 年重庆永川发生的一起重大煤矿生产火灾事故就造成了 23 人死亡，1 人重伤，损失惨重。2021 年，全国共发生煤矿生产水害事故 4 起，死亡人数多达 48 人。引发这些事故的原因是赔偿标准低，从而造成企业存在侥幸心理；企业一味追求经济效益而违规组织开采；技术人员配备不足，缺少专业防治管理队伍。另外，机电管理不善、操作不规范等也容易引发机电事故或者爆破事故。

综上，通过对事故调查报告的统计梳理，可以发现事故调查报告无论是在数据结构的时效性、广泛性方面，还是在数据内容的权威性、统一性方面，都满足作为本书文本挖掘对象的要求。

3.2　基于文本挖掘的不安全行为诱因特征分析

3.2.1　不安全行为诱因特征分析流程

不安全行为诱因特征分析的目的是形成不安全行为清单，以便确定不安全行为与其诱因之间的关系。因此，为了达到此目的，就需明确在何种情景下会发生何种不安全行为，从而定义情景中哪些表述是描述不安全行为与其诱因的特征词。事故调查报告的内容烦多，利用传统的人工整理方法，耗费人力大、处理速度慢，但是准确性高；利用文本挖掘技术，响应速度快，但是准确性不如人工整理高。所以，综合文本处理结果的准确性和速度，本书将人工整理与文本挖掘技术相结合，先利用文本挖掘初筛特征词，再由人工整理剔除无意义词，最终形成不安全行为清单。

不安全行为诱因特征分析过程主要包括两个部分：第一，不安全行为与其诱因特征抽取，即用文本挖掘和人工整理的办法对事故调查报告中的特征词进行提取；第二，对不安全行为特征词分类归纳，即在特征词提取的基础之上，对特征词进行分类整理形成不安全行为清单，为后续不安全行为与其诱因关系分析提供数据支持。

3.2.2　不安全行为与其诱因特征抽取流程

3.2.2.1　确定待挖掘的特征词

确定待挖掘特征词即明确想要挖掘的不安全行为与其诱因形态是怎样的。一份煤矿生产安全事故调查报告由若干语句组成，而一个语句又由多个短句组成，其中能准确描述不安全行为与其诱因的短句就是特征词。该类短句必须具备两个属性：一是能够准确反映不安全行为与其诱因的特征属性；二是能够根据特征词集将不安全行为与其诱因与其他短句描述区分开。

3.2.2.2　文本挖掘工具和算法的选取

为使挖掘结果贴合本书的研究目的，我们需要选取文本适用的挖掘工具和挖掘算法。

(1) 在挖掘工具方面

由于本书的挖掘语料是中文文本，其与英语不同的是，中文句子没有分隔符来划分单词，因此在中文自然语言处理中通常需要分词。分词是后续分析的基础，因此，选择合适的分词工具非常重要。常用的文本挖掘工具有 Python 和 R，两者在文本挖掘方面都有比较专业和全面的模块，且专业技能要求都不算高。Python 在系统的操作、数据处理量以及挖掘速度上都有着明显优势，所以我们选择使用 Python。在 Python 挖掘文本时需要加载分词包来完成文本的分词，目前开源中文分词包已经十分丰富，其中 Jieba、SnowNLP、THULAC 应用比较广泛。由于 Jieba 支持多种模式的分词，词库丰富，分词效果准确，操作简单，因此我们选择 Jieba 作为分词工具包。

(2) 在挖掘算法方面

挖掘算法主要应用于文本抽取，文本特征词提取的关键是保留对本书中不安全行为与其诱因分析有价值的文本、剔除掉无意义文本，所以有必要选择一个适用于本书文本特征抽取的算法。当下，文本特征抽取的算法较多，可以分为以 TF-IDF、LDA 为代表的无监督特征词提取算法和以 LSTM、LR-SGD

为代表的有监督特征词提取算法。其中 TF-IDF 算法不需要人工对数据进行标记，节省人力资源的同时效率也更高且更为常用。因此，我们选择 TF-IDF 算法作为本书的挖掘算法。TF-IDF 算法的表达式如式(3-1)所示。同时，为了优化特征词提取的准确性，我们在 TF-IDF 算法的基础上由人工进一步整理特征词。

$$w_t = \frac{T_{dt} \cdot \lg\left(\frac{N}{n_t} + 0.1\right)}{\sqrt{\sum_{d=0}^{N}\left[T_{dt} \cdot \lg\left(\frac{N}{n_t} + 0.1\right)\right]^2}} \tag{3-1}$$

式中 w_t ——特征词 t 的权重；

T_{dt} ——特征词 t 在文本 d 中的词频；

N ——语料库的文本数；

n_t ——语料库中包含 t 的文本量；

d ——1,2,3,…,n。

3.2.2.3 文本的预处理

首先，确定了挖掘工具和特征形态后，就要对事故调查报告文本进行预处理。本书的研究对象是煤矿生产安全事故调查报告中的不安全行为，然而每一份煤矿生产安全事故调查报告内容中均包含了完整的事故上报机制，因此有很多与本书研究不相关的内容。所以，为了提高文本分析结果的准确性，应当将事故调查报告中的事故单位情况、改善措施建议、事故调查过程等与不安全行为和不安全行为诱因无关的信息删除，仅保留事故经过、事故原因、事故责任划分这3个部分的内容作为挖掘语料库，并将所有报告留下的内容整合为一个文档存为文本格式，以便于后续文本挖掘。

其次，为了让挖掘结果尽可能准确，需要进行专业词汇表、停用词汇表和归并词汇表的整理。在专业词汇表方面，由于本书的文本处理是面向煤矿生产企业的，所以本书挖掘所需的专业词汇表应是在通用词表上提前导入煤矿生产专业词汇，以对词库进行补充处理，从而实现分词效果贴合实际生产场景需求，避免出现如“采煤工”“掘进面”“爆破工”等被拆分为“采煤”和“工”、“掘进”和“面”、“爆破”和“工”等分词结果误差。在停用词汇表方面，本书的停用词具体指在事故调查报告中出现频率高但无实际统计分析价值的词语，包含高频介词、连词、代词、语气词以及一些无意义的高频专业词汇，如“你”“我”“啊”“因为”“事故”“单位”“调查”等。为了减少词频分析工作量，在最终特征词频统计时会过滤掉这些词语，部分停用词如表 3-2 所示。

表 3-2　部分停用词

词类	具体展现
地名	甘肃、黑龙江、江西、云南、内蒙古……
指代词	支部书记、党委书记、总经理、中共党员、科长、省长……
介词	用、向、对于、按照、把、对、给、从、到、方……
专业词	事故、报告、求救、求援、运输机、皮带、司机、工作面、井下、早班、中班……
其他	男、女、面部、面上、流血、受伤、损失、扒开、过多、主导……

在归并词汇表方面，本书中的文本挖掘语料均来源于各个省份矿山安全监察局官网以及煤炭安全相关网站公示的事故调查报告。因为撰写事故调查报告的人不同，所以事故调查报告内容的语言表述也不一致。例如，同样是对政府监管情况的描述，大部分的表述是“监管不到位”，也有部分用“监管履职不力”“监管失职”等不同的话术，但是其本质意思均是政府监管不到位。然而，目前还没有可靠的挖掘工具对这类同义或近义表达进行辨别归类，这使得挖掘分析时即使是相同的对象也无法完全归并统计，从而增加了统计结果的分散性。因此，要使挖掘结果更加聚焦，就需要在特征词抽取前尽可能地归纳整理同义或近义表述，并建立归并词汇表。

表 3-3 和表 3-4 分别展示了不安全行为与其诱因的归并词群。在文本挖掘过程中，这些表格的内容并不是固定不变的，可通过在归并词群表中动态增加词汇的方式，进行挖掘内容的优化，使得挖掘结果尽可能准确。在前文语料和词汇表准备完毕后，就可以对 339 份事故调查报告进行分词处理，即：将原始文本数据拆分成一个个词汇。文本初次分词处理后得到 1 221 条原始项，词频统计前 20 项展示如图 3-5 所示。

表 3-3　不安全行为归并词群(部分)

行为	近义描述
违规操作	违规作业，违章操作，违反作业章程，交叉作业……
冒险进入危险区	冒险进入运转的刮板输送机前方机道、(违章)冒险进入空顶区域、违章提前进入爆破区域、站在危险区域、冒险在井底车场中行走、未在起爆前撤离至爆破安全距离之外、违章冒险进入煤仓、冒险进入停工的盲巷……
使用不安全设备	使用非专用工具、未按规定使用专用料车、使用打火机、违章携带引火工具、采用煤电钻插销代替发爆器、未使用专用工具、携带非专用手机……
未佩戴防护用品	不随身携带自救器、没有(未)系安全带、未按规定穿戴绝缘手套和高压绝缘靴、不佩戴人员定位识别卡、未按要求穿着工作服、未按要求佩戴防尘口罩……

表 3-4　不安全行为诱因归并词群(部分)

诱因	近义描述
技术管理不到位	未编制安全技术措施、技术管理混乱、技术管理不彻底、技术管理流于形式、技术管理缺失……
设计不合理	设计不合规定、位置设计不合理、固定方式随意性较大、警戒位置设计不合理、反眼口宽度不足、安装间距不尽合理、设计存在缺陷、安装位置不合理……
安全生产责任制落实不到位	安全生产责任制落实不到位、安全生产责任制未落实、安全生产责任制落实不力、安全责任制度落实不到位、未落实安全生产责任制、未严格履行安全生产职责、安全生产责任不落实……
专职技术人员配备不足	无专职技术人员、专业技术人员配备不足、未按要求设置专职技术员、作业现场未安排专职技术人员、未按规定配全专职技术人员……
安全教育培训不到位	安全教育不到位、安全培训流于形式、安全教育培训效果不好、安全培训工作不到位、培训不到位、安全培训和教育工作不到位、未组织安全教育培训……

序号	标签词	词频	词性	序号	标签词	词频	词性
1	安全	14271	形容词	21	掘进工	576	名词
2	事故	13116	名词	22	过程	533	名词
3	煤矿	6010	名词	23	矿车	512	名词
4	技术	2120	名词	24	安装	478	动词
5	组织	1732	动词	25	地面	448	名词
6	掘进	1494	动词	26	轨道	441	名词
7	发现	1366	动词	27	通风	441	动词
8	运输	1333	动词	28	爆破	412	动词
9	瓦斯	1299	名词	29	斜井	408	名词
10	警告	1263	动词	30	放炮	406	动词
11	顶板	1169	名词	31	有效	388	形容词
12	巷道	1066	名词	32	司机	387	名词
13	采煤	976	动词	33	提升	380	动词
14	单位	847	名词	34	开采	378	动词
15	采区	814	名词	35	能力	372	名词
16	支架	814	名词	36	液压	367	名词
17	绞车	717	名词	37	支柱	367	名词
18	下井	617	名词	38	刮板	350	名词
19	相关	615	动词	39	分析	346	动词
20	矿业	584	名词	40	煤仓	342	名词

图 3-5　初次分词词频统计前 20 项展示

可以发现,在图 3-5 中的初次分词结果中包含了大量无应用分析价值的词汇,如“警告”“事故”“煤矿”等词语并不是不安全行为与其诱因的语义表述。若保留该类词会对后续文本分析产生影响,故可以通过增加停用词汇表进行词语剔除。

3.2.2.4　特征抽取

为了对事故调查报告中的不安全行为与其诱因进一步统计分析，需要在文本预处理结果的基础上，确定不安全行为与其诱因的特征抽取任务，编写特征抽取规则，通过 TF-IDF 特征抽取算法定向抽取具有代表性的不安全行为特征及其诱因特征。特征抽取流程如图 3-6 所示。

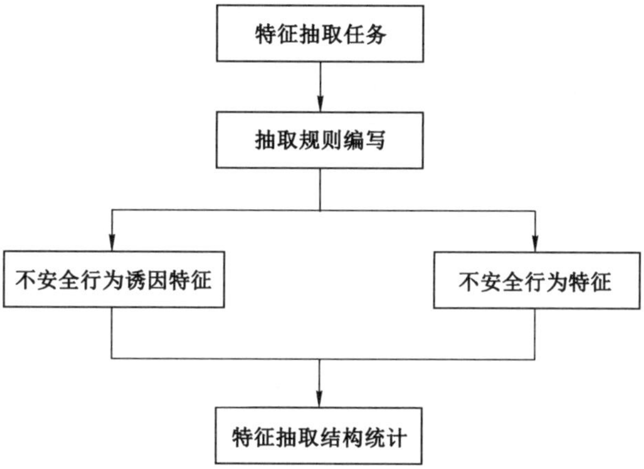

图 3-6　特征抽取流程

通过以上流程对事故调查报告进行多次关键特征项的抽取、统计，最终共抽取到 37 个关键特征项。特征词词频统计见表 3-5。

表 3-5　特征词词频统计情况

序号	不安全行为或其诱因	频次	序号	不安全行为或其诱因	频次
1	安全教育培训不到位	658	10	违规指挥	171
2	安全管理不到位	572	11	冒险作业	151
3	违规操作	502	12	自保互保能力不够	135
4	隐患排查治理不到位	345	13	监管不到位	130
5	监督检查不到位	340	14	冒险进入危险区	111
6	安全意识不够	315	15	现场管理不到位	87
7	技术管理不到位	230	16	不合格企业生产审批	86
8	安全生产责任制落实不到位	195	17	越界开采	84
9	违法违规组织生产	179	18	劳动组织不合理	82

表 3-5(续)

序号	不安全行为或其诱因	频次	序号	不安全行为或其诱因	频次
19	气体超限	73	29	未安装监控系统	39
20	无证上岗	69	30	风险辨识不足	39
21	安全监管计划制订不科学	68	31	安全防护应急响应不到位	33
22	违法生产管控不力	66	32	专职技术人员配备不足	30
23	安全管理人员配备不足	66	33	设施设备工具缺陷	29
24	使用不安全设备	64	34	操作失误	27
25	安全检查不到位	58	35	安全投入不足	24
26	防护装置存在缺陷或缺失	47	36	地质条件复杂	21
27	未采取任何防护措施	41	37	作业环境未检测	19
28	设计不合理	39			

通过表 3-5 特征词词频统计发现，安全教育培训不到位在 339 份事故调查报告中出现的频率最高，达到了 658 次；其次是安全管理不到位、违规操作和隐患排查治理不到位，其词频均超过了 300 次。

在词频统计后，为了使特征词词频结果更加直观地展示，将特征词按照字号大小依次排布，呈现出如图 3-7 所示的词云图。在词云图中，特征词的字体越大，其在事故调查报告中出现的频率就越高。

由表 3-5 和图 3-7 可以发现，虽然每份事故调查报告涉及的不安全行为与其诱因不完全一致，但事故调查报告之间还是存有共性和普遍性的关键特征项，如"安全教育培训不到位""违规操作""安全管理不到位"等词在词云图中字体较大，且居于中间位置，这表明该类词在事故调查报告中频繁出现。

3.2.3 不安全行为与其诱因分类

由于本书的研究目的是利用文本挖掘技术对事故调查报告中的不安全行为与其诱因进行统计分析，进而找出它们间的关系，因此，在得到最终特征词后，需要进一步将其分类、归纳、整理。

本书已在第 2 章中根据前人研究把不安全行为划分为有意和无意两个大类，把不安全行为的诱因划分为管理因素、环境因素、个体因素和物的因素四个方面。为了方便后文分析不安全行为与其诱因之间的关系、提出针对性的不安全行为预控策略，我们对提取到的 37 个特征词在前文分类标准的基础上按照三级指标，进一步分类、归纳、整理，如表 3-6 和表 3-7 所示。

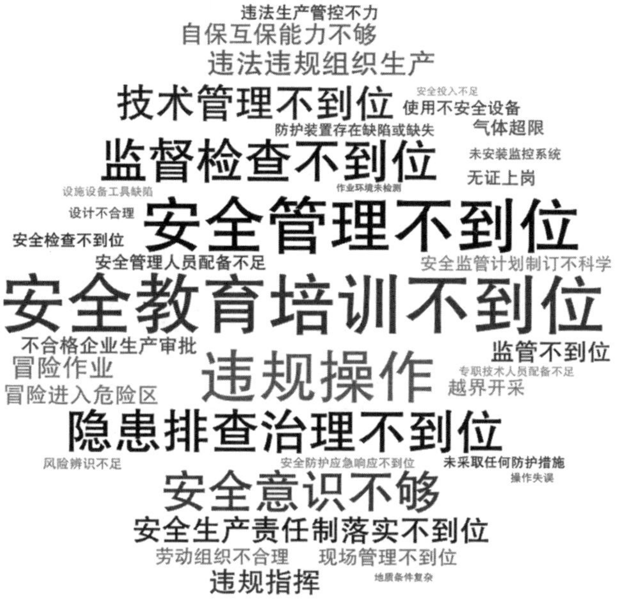

图 3-7　特征词云

表 3-6　矿工不安全行为分类

一级指标	二级指标	三级指标
不安全行为	A1 有意不安全行为	A11 违规操作
		A12 违规指挥
		A13 冒险作业
		A14 冒险进入危险区
		A15 使用不安全设备
	A2 无意不安全行为	A21 操作失误

从表 3-6 和表 3-7 中可知，在 37 个特征词中，不安全行为有 6 项，其中有意不安全行为有 5 项，无意不安全行为只有 1 项。出现该情况的原因主要是事故调查报告中的不安全行为并不是煤矿生产中的全部行为，有很多行为虽然在生产过程中存在，但不是引起事故的主要行为。其次，相较于无意不安全行为，有意不安全行为引发的事故更多。在诱因特征词中管理因素最多，一共有 18 项；其次是物的因素，有 5 项；而个体因素和环境因素均只有 4 项，这初步说明管理因素是不安全行为的主要诱因类型。

表 3-7 矿工不安全行为诱因分类

一级指标	二级指标	三级指标
不安全行为诱因	B 个体因素	B1 无证上岗
		B2 自保互保能力不够
		B3 安全意识不够
		B4 风险辨识不足
	C 环境因素	C1 气体超限
		C2 未安装监控系统
		C3 地质条件复杂
		C4 作业环境未检测
	D 物的因素	D1 防护装置存在缺陷或缺失
		D2 设计不合理
		D3 设施设备工具缺陷
		D4 未采取任何防护措施
		D5 安全投入不足
	E 管理因素	E1 安全教育培训不到位
		E2 安全管理不到位
		E3 隐患排查治理不到位
		E4 监督检查不到位
		E5 技术管理不到位
		E6 安全生产责任制落实不到位
		E7 违法违规组织生产
		E8 政府监管不到位
		E9 现场管理不到位
		E10 不合格企业生产审批
		E11 越界开采
		E12 劳动组织不合理
		E13 安全监管计划制订不科学
		E14 安全管理人员配备不足
		E15 违法生产管控不力
		E16 安全检查不到位
		E17 安全防护应急响应不到位
		E18 专职技术人员配备不足

3.3　不安全行为与其诱因的整体相关性和中心性分析

本节基于社会网络分析方法将前节抽取的特征抽象成节点，将特征词之间的关系抽象成线。首先通过计算特征词共现网络的整体网络密度和中心度来分析不安全行为与其诱因之间的线结构特点，明确不安全行为与其诱因之间的整体相关性和各个节点在共现网络中的地位和作用；其次，利用“核心-边缘”分析确定网络的核心区域和边缘区域。

3.3.1　不安全行为与其诱因的整体相关性分析

3.3.1.1　共现网络构建

首先，通过 excel 构建图 3-8 所示的不安全行为与其诱因之间的共词矩阵；然后，将共词矩阵保存为 CSV 格式导入 Gephi 中，根据特征属性差异将不安全行为用蓝色节点表示，将不安全行为诱因用红色节点表示，生成如图 3-9 所示的可视化共现网络结构图；最后，通过网络特征分析不安全行为与其诱因的整体相关性。

	E1	E2	A11	E3	E4	B3	E5	E6	E7	A12	A13	B2	E8	A14	E9	E10	E11	E12	C1	B1	E13	E14	E15	A15	E16	D1	D4	D2	C2	B4
E1	0	98	93	40	15	181	29	38	9	13	24	80	6	4	29	2	2	7	6	22	6	1	14	3	4	0	0	2	2	12
E2	98	0	53	44	22	21	21	33	8	17	11	7	6	2	10	0	4	15	6	10	7	4	21	3	4	6	1	2	5	1
A11	93	53	0	24	22	61	9	17	3	42	21	25	4	15	18	0	1	2	7	6	2	0	5	3	7	1	6	1	0	0
E3	40	44	24	0	27	7	6	19	3	6	3	1	2	3	6	2	1	7	4	0	3	0	2	0	7	3	2	1	1	6
E4	15	22	22	27	0	0	3	5	11	8	2	0	5	0	0	5	3	4	9	4	3	2	6	0	3	1	0	2	2	1
B3	181	21	61	7	0	0	3	7	1	12	25	73	2	10	3	0	0	3	0	6	2	0	2	2	0	0	0	1	0	9
E5	29	21	9	6	3	3	0	6	4	0	3	2	0	1	12	15	2	5	3	1	1	2	1	1	0	1	0	6	0	2
E6	38	33	17	19	5	7	6	0	10	10	4	1	1	0	3	1	2	4	2	1	1	1	4	1	4	0	0	2	0	2
E7	9	8	3	3	11	1	4	10	0	14	9	0	4	0	1	1	4	1	1	2	0	1	3	2	0	0	2	1	3	0
A12	13	17	42	6	8	12	0	10	14	0	25	0	0	8	2	0	2	2	3	1	2	0	2	2	0	0	3	1	0	0
A13	24	11	21	3	2	25	3	4	9	25	0	10	1	8	0	0	4	1	4	1	1	0	2	0	0	2	7	0	0	0
B2	80	7	25	1	0	73	2	1	0	0	10	0	0	6	5	0	0	0	0	2	0	0	0	0	0	0	0	0	0	9
E8	6	6	4	2	5	2	0	1	4	0	1	0	0	0	0	5	6	1	0	1	1	2	4	1	1	0	0	1	1	0
A14	4	2	15	3	0	10	1	0	0	8	8	6	0	0	0	0	1	0	1	2	1	0	0	1	0	4	4	0	0	0
E9	29	10	18	6	0	3	12	3	1	2	0	5	0	0	0	0	0	7	0	1	0	1	1	0	1	0	0	1	0	1
E10	2	0	0	2	5	0	15	1	1	0	0	0	5	0	0	0	1	0	0	0	0	0	1	0	1	0	0	0	1	0
E11	2	4	1	1	3	0	2	2	4	2	4	0	6	1	0	1	0	1	1	0	1	0	0	3	0	1	1	2	0	0
E12	7	15	2	7	4	3	5	4	1	2	1	0	1	0	7	0	1	0	1	3	0	1	1	1	2	1	2	1	0	0
C1	6	6	7	4	9	0	3	2	1	3	4	0	0	1	0	0	1	1	0	2	1	0	0	1	0	2	0	1	1	1
B1	22	10	6	0	4	6	1	1	2	1	1	2	1	2	1	0	0	3	2	0	0	0	2	2	0	0	0	0	0	0
E13	6	7	2	3	3	2	1	1	0	2	1	0	1	1	0	0	1	0	1	0	0	2	1	0	0	0	0	0	0	0
E14	1	4	0	0	2	0	2	1	1	0	0	0	2	0	1	0	0	1	0	0	2	0	0	0	0	0	0	0	2	0
E15	14	21	5	2	6	2	1	4	3	2	2	0	4	0	1	1	0	1	0	2	1	0	0	1	2	1	1	0	0	0
A15	3	3	3	0	0	2	1	1	2	2	0	0	1	1	0	0	3	1	1	2	0	0	1	0	0	2	0	0	0	0
E16	4	4	7	7	3	0	0	4	0	0	0	0	1	0	1	1	0	2	0	0	0	0	2	0	0	0	2	0	0	1
D1	0	6	1	3	1	0	1	0	0	0	2	0	0	4	0	0	1	1	2	0	0	0	1	2	0	0	0	2	0	0
D4	0	1	6	2	0	0	0	0	2	3	7	0	0	4	0	0	1	2	0	0	0	0	1	0	2	0	0	0	0	0
D2	2	2	1	1	2	1	6	2	1	1	0	0	1	0	1	0	2	1	1	0	0	0	0	0	0	2	0	0	0	1
C2	2	5	0	1	2	0	0	0	3	0	0	0	1	0	0	1	0	0	1	0	0	2	0	0	0	0	0	0	0	0
B4	12	1	0	6	1	9	2	2	0	0	0	9	0	0	1	0	0	0	1	0	0	0	0	0	1	0	0	1	0	0

图 3-8　矿工不安全行为与其诱因因素共词矩阵（部分）

从图 3-9 可以看出不安全行为与其诱因构成的共现网络是一个聚集的完整网络，每个特征词之间都有关联，没有孤立节点。其中，E2（安全管理不到位）、A11（违规操作）代表的节点的圆点较大、连线最多且处于整个网络的中心位置，这表示它们与其他特征词联系最紧密，在事故调查报告中出现的频率相对较高；而 C4（作业环境未检测）代表的节点的圆点最小，连线也相对较少，说明它在整个网络中的重要程度相对较低。除此之外，由图 3-8 的共词矩阵可知，E2（安全

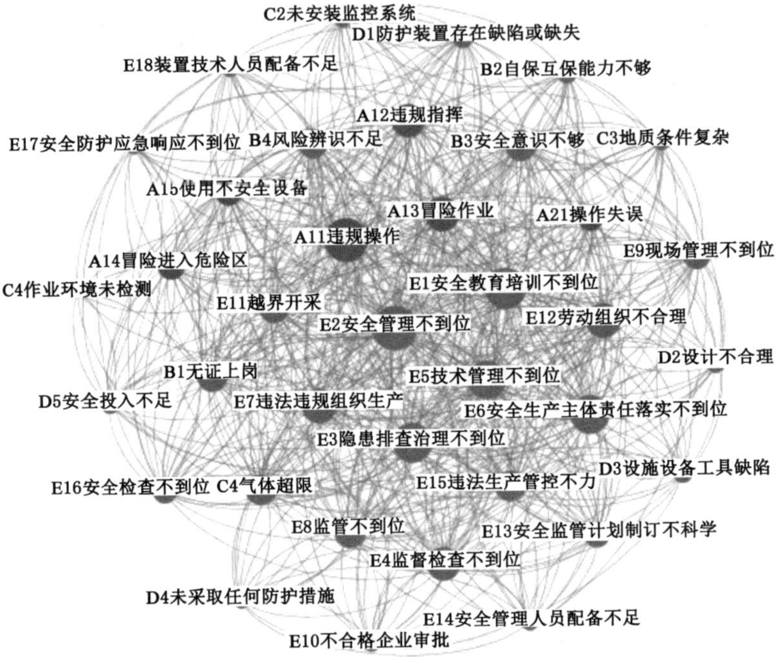

图 3-9 矿工不安全行为与其诱因共现网络

管理不到位)与 A11(违规操作)共同出现的频率最高，一共有 53 次，意味着在 339 份报告中，这两个词共同出现了 53 次，说明二者联系相对紧密。

3.3.1.2 整体网络密度分析

为了分析不安全行为与其诱因共现网络的整体网络密度，需要先将共词矩阵导入 Ucinet，然后通过加载算法，计算不安全行为与其诱因共现网络的网络密度、平均最短路径以及平均聚类指数，并由此来量化分析不安全行为与其诱因间的整体联系紧密性。计算结果如表 3-8 所示。

表 3-8 矿工不安全行为与其诱因整体网络指标

指标	数值
节点数	37
边数	706
网络密度	0.679
平均路径长度	1.473
平均聚类系数	0.699

由表3-8可知，不安全行为与其诱因共现网络由37个节点和706条边构成。整体网络图的密度是0.679，由于网络密度是界定在－1～1之间的数值，且在此范围内数值越大，网络密度就越大。因此，该数据表明不安全行为与其诱因节点中超二分之一的不安全行为和诱因之间存在较强联系，共现网络的整体联系紧密。共现网络的平均路径长度为1.473，说明在网络的传播效应中，不安全行为与其诱因之间是通过1.473次传递联系起来的；换而言之，每个不安全行为诱因平均发生1.473次后，就可以触发另一个诱因或者不安全行为。共现网络的平均聚类系数为0.699，由于平均聚类系数的数值在0～1之间，数值越接近1，证明特征间的凝聚力越强。因此，该数值说明不安全行为与其诱因共现网络的凝聚力较强。

3.3.1.3　“核心-边缘”分析

利用网络的“核心-边缘”结构计算出共现网络的核心区域和边缘区域的特征分布，如表3-9所示，并将其可视化展示，如图3-10所示。

表3-9　矿工不安全行为与其诱因的“核心-边缘”特征

分布	特征词	数量/个
核心区域	E1(安全教育培训不到位)、E2(安全管理不到位)、A11(违规操作)、E3(隐患排查治理不到位)、E4(监督检查不到位)、B3(安全意识不够)、E5(技术管理不到位)、E6(安全生产责任制落实不到位)、E7(违法违规组织生产)、A12(违规指挥)、A13(冒险作业)、E8(政府监管不到位)、E11(越界开采)、E12(劳动组织不合理)、C1(气体超限)、B1(无证上岗)、E15(违法生产管控不力)	17
边缘区域	B2(自保互保能力不够)、A14(冒险进入危险区)、E9(现场管理不到位)、E10(不合格企业生产审批)、E13(安全监管计划制订不科学)、E14(安全管理人员配备不足)、A15(使用不安全设备)、E16(安全检查不到位)、D1(防护装置存在缺陷或缺失)、D4(未采取任何防护措施)、D2(设计不合理)、C2(未安装监控系统)、B4(风险辨识不足)、E17(安全防护应急响应不到位)、E18(专职技术人员配备不足)、D3(设施设备工具缺陷)、A21(操作失误)、D5(安全投入不足)、C3(地质条件复杂)、C4(作业环境未检测)	20

由表3-9可知，不安全行为诱因共现网络的核心区域有E1(安全教育培训不到位)、E2(安全管理不到位)、A11(违规操作)、E3(隐患排查治理不到位)等17个文本特征，边缘区域有B2(自保互保能力不够)、A14(冒险进入危险区)、E9(现场管理不到位)、E10(不合格企业生产审批)等20个文本特征。通过进一步计算得出，核心区域特征平均密度为0.919，边缘区域平均密度为0.232，核心区

域与边缘区域的连接密度为 0.528。

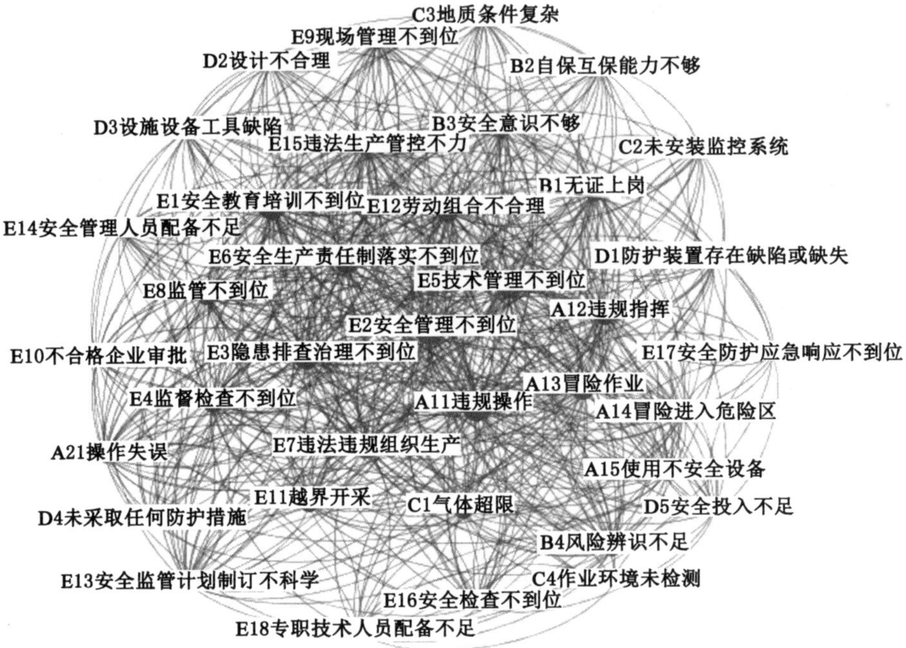

图 3-10 矿工不安全行为与其诱因的“核心-边缘”网络

由图 3-10 可以发现，核心区域连线较多、较复杂，边缘区域连线相对较少，但核心区域与边缘区域之间连线也比较多。以上结果表明，不安全行为诱因共现网络中两个区域的数值两级分化明显，对比度较大。核心区域的网络聚集程度非常高，边缘区域的网络聚集程度较低，且核心区域与边缘区域也存在联系，并非独立存在的两个部分。也就是说，核心区域节点影响力辐射较大，与大部分节点都有联系，而边缘区域节点影响力辐射较小，与其他边缘节点的联系较少，而与核心节点联系紧密。如边缘区域特征 A21(操作失误)、C4(作业环境未检测)、E13(安全监管计划制订不科学)等仅与核心区域特征 E7(违法违规组织生产)、E4(监督检查不到位)等存在较为紧密的联系。

3.3.2 不安全行为与其诱因的中心性分析

为进一步量化共现网络中各个特征节点的位置优势以及不同节点在网络结构中的作用信息，本书利用 Gephi 加载算法计算了 37 个节点的三个中心度指标，以量化节点位置。具体结果见表 3-10 所示。总体而言，37 个节点在共现网络中表现出了不同形式的中心地位。

表 3-10　矿工不安全行为与其诱因的网络中心性特征值

特征词	点度中心度	接近中心度	中介中心度
E2 安全管理不到位	95.833%	92.308%	5.993%
A11 违规操作	94.444%	90.000%	5.412%
E1 安全教育培训不到位	91.667%	85.714%	3.411%
E3 隐患排查治理不到位	90.278%	83.721%	3.329%
E5 技术管理不到位	88.889%	81.818%	2.929%
E6 安全生产责任制落实不到位	88.889%	81.818%	2.474%
E7 违法违规组织生产	84.722%	76.596%	2.043%
A13 冒险作业	84.722%	76.596%	1.705%
E12 劳动组织不合理	84.722%	76.596%	1.489%
E4 监督检查不到位	83.333%	75.000%	2.136%
A12 违规指挥	83.333%	75.000%	1.931%
B3 安全意识不够	80.556%	72.000%	1.563%
E8 政府监管不到位	80.556%	72.000%	1.415%
C1 气体超限	80.556%	72.000%	1.856%
B1 无证上岗	80.556%	72.000%	1.425%
E15 违法生产管控不力	80.556%	72.000%	1.011%
E11 越界开采	79.167%	70.588%	0.827%
B4 风险辨识不足	79.167%	70.588%	1.039%
A14 冒险进入危险区	76.389%	67.925%	1.223%
E9 现场管理不到位	76.389%	67.925%	0.829%
A15 使用不安全设备	76.389%	67.925%	0.658%
A21 操作失误	75.000%	66.667%	0.664%
E13 安全监管计划制订不科学	73.611%	65.455%	0.382%
E16 安全检查不到位	73.611%	65.455%	0.863%
D1 防护装置存在缺陷或缺失	69.444%	62.069%	0.828%
B2 自保互保能力不够	68.056%	61.017%	0.243%
D3 设施设备工具缺陷	68.056%	61.017%	0.363%
D5 安全投入不足	68.056%	61.017%	0.701%
D2 设计不合理	66.667%	60.000%	0.183%
C2 未安装监控系统	65.278%	59.016%	0.149%
C3 地质条件复杂	65.278%	59.016%	0.046%

表 3-10(续)

特征词	点度中心度	接近中心度	中介中心度
E18 专职技术人员配备不足	65.278%	59.016%	0.554%
E14 安全管理人员配备不足	64.815%	58.065%	0.175%
E10 不合格企业生产审批	64.352%	57.143%	0.167%
D4 未采取任何防护措施	62.037%	56.250%	0.108%
E17 安全防护应急响应不到位	59.722%	53.731%	0.128%
C4 作业环境未检测	56.482%	52.941%	0.070%

由表 3-10 的中心度数值可得出以下结论。

(1) 不安全行为与其诱因特征的点度中心度和接近中心度数值比较集中且偏高,说明网络中各节点的中心性较好。其中 E2(安全管理不到位)的点度中心度和接近中心度最高,分别为 95.833%和 92.308%,表明 95.833%的节点都与它相连,且它位于网络中 92.308%的节点之间。这说明 E2(安全管理不到位)不但处于网络的核心,而且与其他节点联系十分紧密,同时,A11(违规操作)、E1(安全教育培训不到位)与 E3(隐患排查治理不到位)的点度中心度和接近中心度也较高,表明这 3 个节点也处于网络的中心地位且与其他节点联系紧密。也就是说,安全管理不到位、违规操作、安全教育培训不到位、隐患排查治理不到位是最容易影响其他节点的不安全行为诱因,而违规操作是最易被影响的不安全行为。

(2) 不安全行为与其诱因特征的中介中心度表现出很强的两极分化且整体偏低,说明网络中各节点的调节控制力普遍偏低。其中,中介中心度最高的 4 个节点同样是 E2(安全管理不到位)、A11(违规操作)、E1(安全教育培训不到位)以及 E3(隐患排查治理不到位)。这表明,在网络中这 4 个节点相较其他节点的调节控制效果更好,而 C4(作业环境未检测)和 C3(地质条件复杂)的中介中心度均接近 0,反映了这两个节点对其他节点的控制力十分微弱,几乎无调节控制作用。

综上,在共现网络中不安全行为与其诱因整体联系紧密,相关性较高。不安全行为诱因中大部分的管理因素都靠近网络中心,其中心性较高,如“安全管理不到位”“安全教育培训不到位”“隐患排查治理不到位”等管理因素都具有较高的中心度;而环境因素与物的因素主要居于网络的边缘区域,与不安全行为的联系相对较少,在网络中的中心性较低。

3.4　不安全行为关键诱因及其诱因路径分析

前节通过不安全行为与其诱因共现网络的分析，明确了不安全行为与其诱因共现网络中单个特征的地位、作用以及网络整体联系紧密度。然而，特征词共现网络只是根据特征词频次和是否共同出现，粗略判断不安全行为与其诱因之间的联系。其中每一个行为都有可能同时与多个诱因组合共现，即共现网络只能初步明确不安全行为与其诱因之间存在关联，难以精确计量不安全行为与其诱因、诱因与诱因以及不安全行为与不安全行为之间的关联强度的大小，也无法精确判断哪些诱因是具有分析价值的关键诱因。所以，我们需要进一步利用关联规则挖掘算法来深入探索导致不安全行为发生的潜在关联规则，并构建不安全行为与其诱因的关联网络，进一步明确诱因与诱因、不安全行为与其诱因以及不安全行为与不安全行为之间的联系程度和作用路径。

基于关联规则的不安全行为与其诱因分析主要分为 3 个步骤：第一步，以 37 个特征词为基础建立不安全行为与其诱因关联规则挖掘的数据集；第二步，基于 Apriori 算法挖掘不安全行为与其诱因特征之间的强关联关系；第三步，基于强关联规则构建不安全行为与其诱因关联网络，并结合网络结构特点明确网络中节点之间的隐含联系，找出最长诱因路径。具体分析流程如图 3-11 所示。

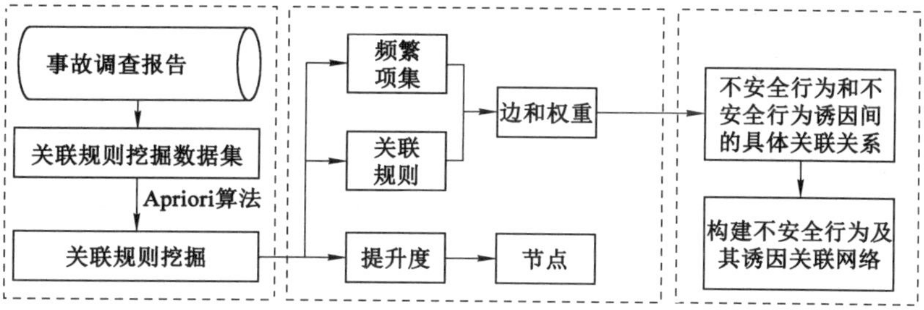

图 3-11　基于关联规则的不安全行为与其诱因网络构建流程

3.4.1　不安全行为与其诱因关联规则挖掘

3.4.1.1　建立不安全行为与其诱因关联规则挖掘数据集

在煤矿生产系统内，一个或多个不安全行为诱因的存在都有可能导致不安全行为的发生。这个风险累积的过程涉及了不安全行为与不安全行为之间、不安全行为与其诱因之间以及诱因与其诱因之间的风险传递。因此，为了减少不安全行为的发生，有必要进一步挖掘不同类别特征词之间的具体关联关系，明确特征之间的风险传递规律。

首先，利用 Python 的正则表达式找到并抓取每一份事故调查报告中的不安全行为与其诱因，并将每一份事故调查报告内包含的不安全行为与其诱因记录为一项事务 t_i。其次，将每一个不安全行为或其诱因都记作一个项目 a_j，则由所有项集合构成的就是项集 A，如式 3-1 所示。

$$A = \{a_1, a_2, \cdots, a_{31}\} \tag{3-1}$$

重复上述步骤，对每一份事故调查报告进行标准化处理，生成不安全行为与其诱因关联规则挖掘事务集 T，如式 3-2 所示。

$$T = \{t_1, t_2, t_3, \cdots, t_i, \cdots, t_{339}\} \tag{3-2}$$

矿工不安全行为与其诱因关联规则事务集示例如表 3-11 所示。其中，表格的第一列是每一项事务的编号；表格的每一行是一个事务，代表每一份调查报告内的不安全行为与其诱因。

表 3-11　矿工不安全行为与其诱因关联规则事务集示例

事务 t_i	事务集 T
t_1	$\{E1, B1, E6, E2, E3, E4, A11\}$
t_2	$\{E3, B5, C4, C1, E8, E4, A11\}$
t_3	$\{C1, D2, E5, E2, E1, B3, E9, E8, A12\}$

3.4.1.2　不安全行为与其诱因关联规则挖掘结果

强关联规则体现了不安全行为与其诱因之间紧密的联系和风险传递。首先，根据 Apriori 算法的要求，通过反复挖掘、结果调试，最后设置最小支持度阈值为 0.1，最小置信度阈值为 0.1，最小提升度阈值为 1，最小前项数为 1。然后，对关联规则挖掘的每一步进行程序编写，并利用程序遍历每一条事务项，最终根据产生关联规则的有效性，得到 543 条强关联规则，分别为 2 阶关联规则 173 条和 3 阶关联规则 370 条。对以上关联规则挖掘结果统计分析发现，支持度超过 0.5 的关联规则条数占总关联规则条数的 57.10%，意味着挖掘出来的关联规则在事故调查报告中出现的频率普遍偏高。支持度最高的关联规则是“E12(劳动组织不合理)≥E5(技术管理不到位)”，支持度值为 0.996。这个数值表明，劳动组织不合理与技术管理不到位在事故调查报告中同时出现的概率接近百分之百，意味着煤矿企业存在劳动组织不合理问题的同时，也极有可能存在技术管理不到位的问题。置信度超过 0.5 的关联规则条数占总关联规则条数的 47.15%，置信度最高的规则是“E9(现场管理不到位)，E14(安全管理人员配备不足)≥E1(安全教育培训不到位)”，置信度值为 0.944。结果表明，煤矿企业在现场管理不到位和安全管理人员配备不足的情况下，存在安全教育培训不到位的概率达到了 0.944，意味着当煤矿企业没有配备足量的安全管理人员、存在现场安全管理不到位现象时，其安全教育培训也极有可能存在不到位的情况。此外，提升度数值越大，规则的有效性也就越大。提升度超过2的关联规则数量在挖掘出的总关联规则数量中，占比高达74.03%。由此可见，大部分关联规则的前项导致后项的概率在本身置信度的两倍以上。其中，提升度最高的前10项关联规则如表3-12所示。

表3-12　提升度最高的前10项关联规则

序号	前项	后项	支持度	置信度	提升度
1	E6,E4	E2	27.97	72.73	4.99
2	E5	E2	34.61	69.62	4.97
3	B3,E6	A14	56.14	30.23	4.95
4	E5,E1	B3	87.98	57.45	4.95
5	B3,E6	E3	97.27	31.40	4.95
6	E8,E1	B3	48.63	42.17	4.93
7	B3,A12	A11	14.56	43.18	4.91
8	E12	A11	81.39	43.84	4.91
9	B2	A11	71.67	52.63	4.91
10	B3,E8	E1	70.78	85.37	4.90

由表3-12可以发现，该10项规则的提升度均接近5%，表明前项导致后项的概率呈现近5倍的提升。在这10项关联规则的前项和后项中，一共包含的特征有13种，分别为8种管理因素、2种个体因素以及3种不安全行为。由此可以初步说明，在全部诱因中管理因素对不安全行为的影响最大，其次是个体因素。其中，后项为A11（违规操作）的前项主要由B2（自保互保能力不够）、B3（安全意识不够）、E12（劳动组织不合理）以及A12（违规指挥）组合或单独影响；后项为E2（安全管理不到位）主要受由E4（监督检查不到位）、E5（技术管理不到位）以及E6（安全生产责任制落实不到位）组合或单独影响；B3（安全意识不够）与E6（安全生产责任制落实不到位）组合容易影响A14（冒险进入危险区）或B3（安全意识不够）。

3.4.2　不安全行为与其诱因关联网络构建

不安全行为与其诱因的关联网络构建是在关联规则挖掘结果的基础上，先将全部强关联规则导入Excel表中进行标准化处理并存为txt格式，再将文本格式转化成Pajek所能识别的net文件格式，导入Pajek软件中并建立不安全行为与其诱因的关联网络。在不安全行为与其诱因关联网络中，关联规则的前项和后项被抽象成了网络中的节点，前项和后项之间的关系被抽象成了网络中的有向边线，而提升度可以反映不同因素之间的关联有效性。例如，A 和 B 之间的提升度为 2，这意味着在条件 A 下，B 发生的概率成倍增加。所以，本书用提升度来表述边的权重。最终生成的矿工不安全行为与其诱因关联网络如图 3-12 所示。

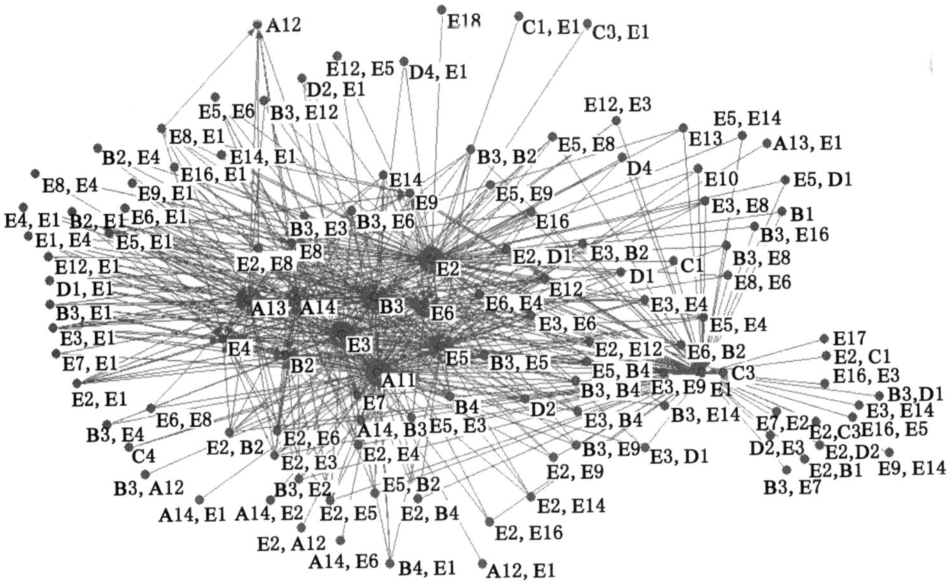

图 3-12　矿工不安全行为与其诱因关联网络

在图 3-12 所示的关联网络中一共包含不安全行为与其诱因 6 个层级的 118 个节点和 663 条边，其中组合因素有 88 个节点、管理因素有 16 个节点、个体因素和不安全行为均有 4 个节点、环境因素和物的因素均有 3 个节点。节点周围连接线的密度反映了节点所在区域的复杂性。因此，节点连接的线越多，说明该节点对其他节点的影响力就越大。

对不安全行为的各个诱因节点进行合并收缩，并将各边权重进行累计叠加，得到的矿工不安全行为与其诱因的精简关联网络如图 3-13 所示。

由图 3-13 可以看出，组合因素、管理因素和个体因素节点与其他节点联系紧密，而环境因素节点仅与 A11（违规操作）有关系。而不安全行为节点中 A11（违规操作）、A13（冒险作业）、A14（冒险进入危险区）不但彼此之间联系紧密，与各诱因节点也连接频繁。A12（违规指挥）也是 A11（违规操作）、A13（冒险作业）、A14（冒险进入危险区）的前项，这意味着违规指挥容易引起违规操作、冒险作业、冒险进入危险区。除此，A12（违规指挥）的前项因素只有管理因素和组合因素，说明违规指

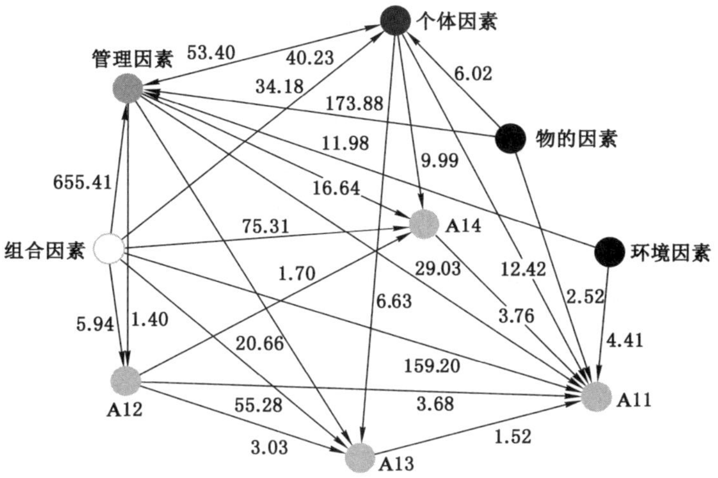

图 3-13　矿工不安全行为与其诱因的精简关联网络

挥主要是由管理上的缺陷造成。A21(操作失误)并无关联规则结果,说明无意不安全行为主要是偶然产生,诱因对其作用不明显。

核心节点在关联规则网络中起着至关重要的作用。当核心节点得不到控制时,风险将逐渐扩散到与之密切相关的节点。因此,应当清晰核心节点的产生条件和影响结果,并对核心节点进行多方面协同控制。如果核心节点未得到控制,则应控制节点的关联因素集,以阻止风险在网络中传播。

为了确定不同核心节点的关联集,我们使用 Pajek 的"K-核"分析方法确定了 8 个核心节点,分别为:B3(安全意识不够)、E1(安全教育培训不到位)、E2(安全管理不到位)、E3(隐患排查治理不到位)、E4(监督检查不到位)、E5(技术管理不到位)、E6(安全生产责任制落实不到位)、E8(政府监管不到位),对每个核心节点进行个体网络分析。特征向量中心度可以根据邻居的数量、邻居的重要性来量化节点与核心节点间的联系。基于此,选择特征向量中心度来确定核心节点单个中心网络中的关联集。以 E2(安全管理不到位)为例,将包含 E2(安全管理不到位)的所有二阶强关联规则提取出来,得到 E2(安全管理不到位)的单个节点核心网络,如图 3-14 所示。图 3-14 中任意节点的大小与节点的特征向量中心值成正比。

在探索 E2(安全管理不到位)的关联集时,为了排除其他核心诱因的影响,并未考虑代表这些诱因节点的特征向量中心值。因此,B4(风险辨识不足)、D2(设计不合理)、D4(未采取任何防护措施)、E7(违法违规组织生产)、E9(现场管理不到位)和 E14(安全管理人员配备不足)是特征向量中心值排名前六的节点,

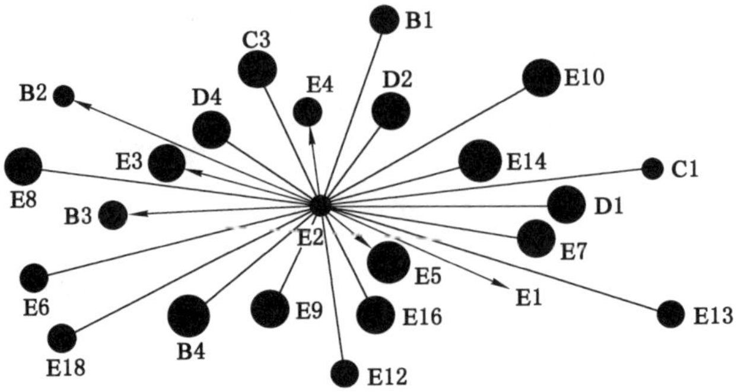

图 3-14　安全管理不到位的核心网络

其值分别为 0.289、0.258、0.267、0.256、0.260 和 0.279。因此，这组节点被视为安全管理不到位的关联集合。由此可以认为，煤矿安全管理不到位可能是在煤矿企业没有配备足够的安全管理人员、现场管理不到位以及开采设计不符合正常生产作业要求等风险传递的情况下，导致煤矿企业未进行严格的技术管理、采矿防护，从而使不安全行为风险以及事故隐患明显增加。对其他核心诱因重复上述分析步骤，得到如表 3-13 所示的核心诱因及其关联因素集。

表 3-13　核心诱因及其关联因素集

核心诱因	关联因素集
安全意识不够	风险辨识不足、防护装置存在缺陷或缺失、设计不合理、劳动组织不合理、安全管理人员配备不足、安全检查不到位
隐患排查治理不到位	劳动组织不合理、安全管理人员配备不足、防护装置存在缺陷或缺失、现场管理不到位、安全检查不到位、违法违规组织生产
安全生产责任制落实不到位	风险辨识不足、设计不合理、劳动组织不合理、安全管理人员配备不足、违法违规组织生产、现场管理不到位
安全教育培训不到位	违法违规组织生产、安全防护应急响应不到位、未采取任何防护措施、安全监管计划制订不科学、安全检查不到位、劳动组织不合理
监督检查不到位	安全管理人员配备不足
技术管理不到位	现场管理不到位
政府监管不到位	违法违规组织生产、现场管理不到位

当关联因素集合内的诱因同时存在时，极有可能诱发核心诱因，从而导致不安全行为。因此，煤矿生产作业过程中需要重点关注上述 8 组诱因集合，制定相应的预控措施，最大限度地保证不安全行为的可控可防。

3.4.3　不安全行为最长诱因路径分析

路径分析是建立不安全行为与其诱因之间关联关系的重要途径。这是一种通过可视化特征之间提升度的大小来阐明不安全行为与其诱因背后关系和拓宽风险路径的方法。在本书中，路径是基于搜索路径计数得出的。搜索路径计数是链接从源节点到终节点遍历的总次数。本书使用了 key-route 路径分析，该路径分析选择链路最长的路径，并将重要路径向前和向后组合。为了进一步理清各类诱因的内在风险传递机理，本书仍然使用软件 Pajek 作为最长诱因路径分析工具。

为了制定准确的预防和控制策略，有必要进一步通过路径分析确定不安全行为的关键诱因以及最长诱因路径。本节基于事故致因理论的多米诺骨牌模型结构，以不安全行为作为结果导向从 4 类诱因层面的事故诱因风险传递规律来确定不安全行为诱因路径。为了避免组合诱因对单个诱因风险传递的干扰，首先通过筛查仅保留置信度大于 50％二阶关联规则，其次将关联规则数据导入 Pajek 软件并根据边的权重寻找最长路径，得出了如图 3-15 所示的不安全行为的最长诱因路径，每一条诱因路径只包含关键诱因和目标不安全行为。

由图 3-15 可知，每一条诱因路径的总提升值等于连线上所有边权重的总和。提升度最高的最长诱因路径是 A13（冒险作业）的诱因路径，其提升度总值为 25.78。具体来说，当 E13（安全监管计划制订不科学）、E8（政府监管不到位）、E7（违法违规组织生产）、E2（安全管理不到位）、E3（隐患排查治理不

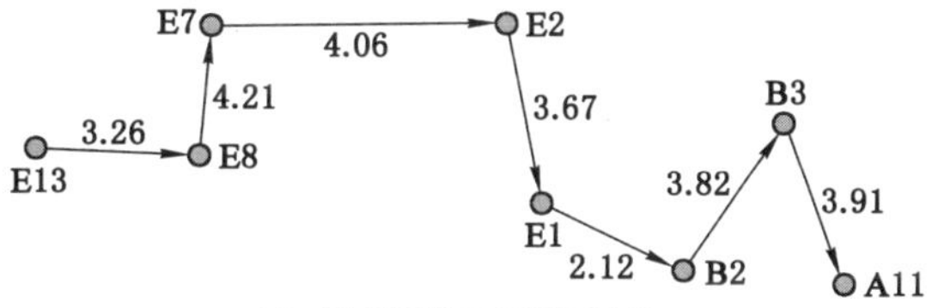

(a) 违规操作最长诱因路径

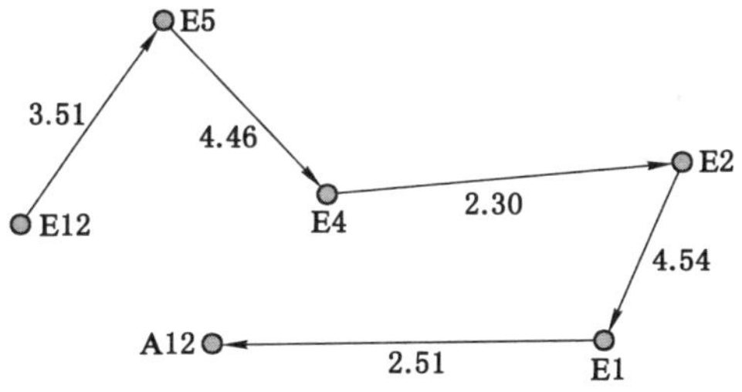

(b) 违规指挥最长诱因路径

图 3-15　最长诱因路径

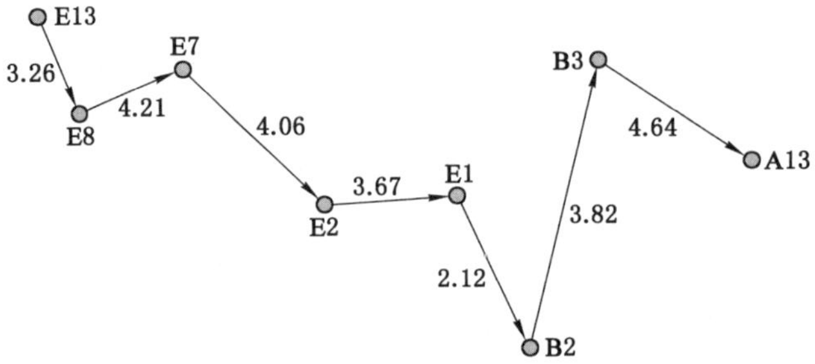

(c) 冒险作业最长诱因路径

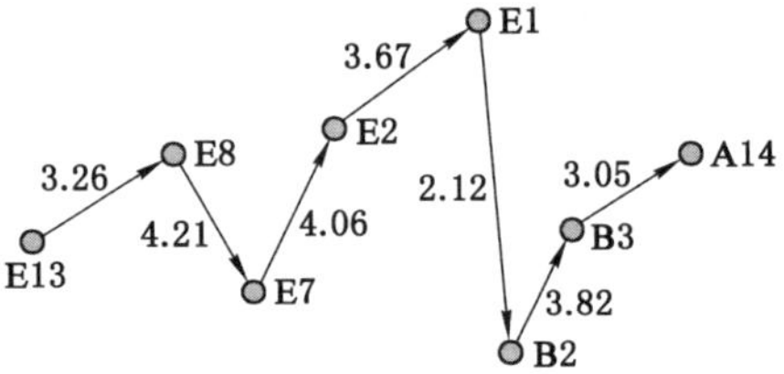

(d) 冒险进入危险区最长诱因路径

图 3-15 (续)

到位)、B2(自保互保能力不够)以及 B3(安全意识不够)并存时,冒险作业发生的可能性比网络中其他诱因路径更大。此外,A12(违规指挥)的最长诱因路径是由 E12(劳动组织不合理)为起点经由 6 步将风险传递,其余三种不安全行为的局部路径基本相同,说明影响不安全行为的诱因最远可以由 E13(安全监管计划制订不科学)进行传递。因此,通过上述路径分析可以进一步确认 E2(安全管理不到位)、E1(安全教育培训不到位)、E3(隐患排查治理不到位)等是不安全行为的关键诱因。

3.5 结果分析

通过建立不安全行为与其诱因的共现网络、关联网络,分析不安全行为与其诱因之间的关系得出以下结果。

第一,煤矿生产安全事故中的不安全行为主要是有意不安全行为,其表现形式主要是“违规操作”“违规指挥”“冒险作业”“冒险进入危险区”,其中最频繁发生的就是“违规操作”。

第二,不管是共现网络的中心性分析还是关联网络分析,不安全行为与其诱因的联系都十分紧密。其中,“安全管理不到位”“安全教育培训不到位”“隐患排查治理不到位”在两种网络中均占据重要地位,且对其他节点具有较强的控制力,被确定为不安全行为的关键诱因,而“违规操作”被认定为主要不安全行为。

第三,关联网络利用关联规则挖掘结果构建网络,并将31个已确定的不安全行为诱因收缩为5个层级,分别是管理因素层、环境因素层、个体因素层、物的因素层和组合因素层,其中组合因素与管理因素对不安全行为的影响大于环境因素、物的因素以及个体因素,而环境因素和物的因素又会影响管理因素和组合因素。

第四,4条不安全行为最长诱因路径只有“违规指挥”的起点是“劳动组织不合理”,其余3条诱因路径的起点都是“安全监管计划制订不科学”。

由以上分析结果对比发现,管理因素在共现分析和关联规则分析中都处于重要对位,是不安全行为的主要诱因类别。而在缩简的诱因网络中,物的因素和个体因素又对管理因素产生作用,因此,管理因素在几个诱因类别中起着重要作用。

第4章　工作压力对矿工心理社会安全行为影响的概念模型构建

对于煤矿工人来说，工作压力是实现工作中可持续安全行为的威胁和障碍。在煤矿企业中，由于工作空间的封闭性和特殊性，工作压力对矿工的可持续安全行为和煤矿的可持续发展构成较大的威胁和挑战。在高强度的工作压力背景下，煤矿工人不仅面临着生理上的不适，更面临着心理上的各种压力，而心理压力更可能造成其不安全行为决策，因此，探究矿工的心理安全行为尤为重要。本章将总结归纳前人对安全行为、工作压力、心理资本和心理社会安全氛围等变量的相关研究成果，结合相关理论基础，构建工作压力对矿工心理社会安全行为影响的理论模型，并据此提出工作压力对矿工心理社会安全行为影响的研究假设。

4.1　工作压力对矿工心理社会安全行为影响的模型构建

总结前人对安全行为、工作压力、心理资本和心理社会安全氛围等变量的相关研究成果，我们发现员工的工作压力会对其心理状态、行为决策和行为绩效等产生影响。同时，员工的心理状态往往决定了其行为水平，当员工面临较高强度的工作压力时，良好的心理状态水平可以有效缓解压力的负向效应，进而提升安全行为决策水平。此外，前人对医疗卫生和教师行业的心理社会安全氛围的研究表明，心理社会安全氛围作为一种组织氛围因素，在医疗工作者和教师团体应对工作压力时具有较大的调节作用，可以有效缓解其压力反应、调节其心理状态，进而提升其安全行为决策水平。

现有研究充分解释了工作压力、心理资本以及心理社会安全氛围对员工行为决策方面的重要影响，但是主要是对员工的生理行为决策进行探讨，并且缺乏心理社会安全氛围在煤矿等高危行业的运用。因此，为弥补目前的研究不足，我们将从心理安全的角度出发，提出矿工的心理社会安全行为，同时借鉴与安全生产相关的心理资本，即安全心理资本的相关研究，将心理社会安全氛围应用到煤炭行业中，提出在组织因素（心理社会安全氛围）和个体因素（安全心理资本）干预下，工作压力对心理社会安全行为的影响理论模型，如图 4-1 所示。

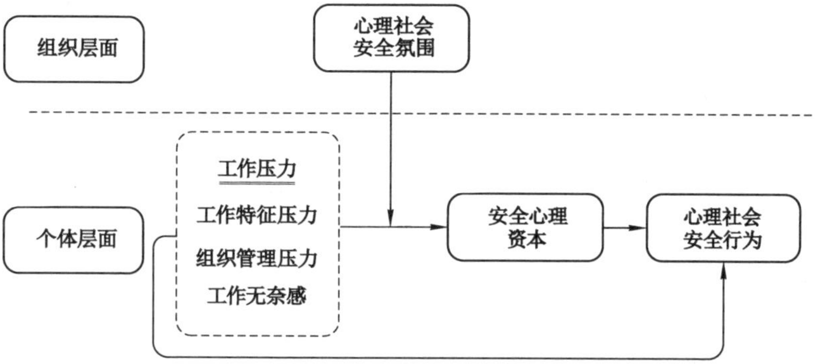

图 4-1　工作压力对矿工心理社会安全行为影响的理论模型

4.2　工作压力对矿工心理社会安全行为影响的假设提出

本节将在工作压力对心理社会安全行为的影响理论模型的基础上，结合相关理论和相关研究成果，提出在组织因素（心理社会安全氛围）和个体因素（安全心理资本）干预下，工作压力对矿工心理社会安全行为影响过程中的研究假设。

4.2.1　工作压力对心理社会安全行为的影响

企业员工的工作压力一直是国内外组织行为学领域研究的热点。随着当前社会的快速发展和人们生活节奏的加快，在人们的工作和生活中，压力无处不在，压力往往会给个体带来一定的精神冲击和心理压迫感。相关学者研究表明，员工的工作压力主要分为工作特征压力、组织管理压力和工作无奈感三个维度，其中，工作特征压力主要是与工作现场作业环境和工作负荷状况相关的压力表现，组织管理压力主要是与管理者的安全管理方式、领导风格和组织支持等相关的压力反应，工作无奈感主要是与工作中的角色冲突和工作控制感等相关的压力反应。基于此，我们将矿工的工作特征压力、组织管理压力和工作无奈感整合为矿工的工作压力，进而研究其对矿工的心理社会安全行为的影响机理。目前，大部分研究仅仅探讨了矿工的生理安全行为，而员工的心理社会安全行为也是其安全行为的重要组成部分，因此，有学者根据生理安全行为的概念，将心理社会安全行为定义为员工为维持自己的心理安全或与他人共同营造有助于心理社会安全的环境而开展的活动。

员工面对的工作要求包括工作压力会对员工的生理安全行为和心理社会安全行为产生负向影响。同时,“压力-不平衡-补偿理论”和“压力-情绪理论”都表明,当个体面临较大的工作压力时,会更容易产生偏激的行为。此外,JD-R 模型证实,较高的工作要求和工作压力会加速员工的作业疲劳,加强员工的疲惫感,不利于员工的身体安全和健康,将会促使不安全操作产生。基于以上分析,我们提出以下假设。

H1:工作压力对矿工的心理社会安全行为具有显著的负向影响。

H1a:工作特征压力对矿工的心理社会安全行为具有显著的负向影响。

H1b:组织管理压力对矿工的心理社会安全行为具有显著的负向影响。

H1c:工作无奈感对矿工的心理社会安全行为具有显著的负向影响。

4.2.2 安全心理资本对工作压力与心理社会安全行为的中介作用

4.2.2.1 工作压力对安全心理资本的影响

安全心理资本是员工在安全生产过程中的一种积极心理状态,在员工的心理安全行为中发挥着重要的作用。相关研究表明,员工在工作中的遭遇很大程度上决定了其安全心理状态,即安全心理资本。抑郁总是与员工所面临的工作压力相关,员工在工作中所面临的工作压力越大,其处于抑郁状态的可能性就越大。李琰等(2019)研究表明,矿工的工作压力反应与其心理因素具有显著的关系。张雅明等(2017)对基层公安民警的心理健康状况进行研究发现,工作压力显著负向影响员工的心理健康,减轻工作压力可以有效保护员工的心理健康,提升其心理资本。

资源损耗理论表明,员工的高工作压力会增加其做出不安全行为的可能性。在较高的工作要求下,员工的心理素质会明显降低,更可能产生不良的心理反应,进而增加不安全操作。因此,我们有理由相信,工作压力对矿工的安全心理资本具有显著的抑制作用。基于以上分析,我们提出以下假设。

H2:工作压力对矿工的安全心理资本具有显著的负向影响。

H2a:工作特征压力对矿工的安全心理资本具有显著的负向影响。

H2b:组织管理压力对矿工的安全心理资本具有显著的负向影响。

H2c:工作无奈感对矿工的安全心理资本具有显著的负向影响。

4.2.2.2 安全心理资本对心理社会安全行为的影响

个体的心理资本会影响到其最终的安全行为。相关研究表明,员工的积极心理资本的开发是提高员工工作积极性,减少不安全行为的有效方法。国内学者对员工的心理资本与安全行为、安全绩效之间的关系进行研究,发现员工良好的心理状态、自我效能感以及自我调节能力等心理资本资源,可以有效提升其心理感知收益并改善其安全行为的决策水平。

矿工的心理状态越积极,其对待工作的态度越乐观,对组织的认同感越强,这种积极的心理和情感态度会促使矿工更加灵活地对待井下作业环境所带来的挫折和压力,充分利用身边的一切积极资源改善不良的工作状况,进而促进安全行为的产生。相关研究表明,较高的安全心理资本有助于促进矿工的安全行为。因此,我们提出以下假设。

H3:安全心理资本对矿工的心理社会安全行为具有显著的正向影响。

4.2.2.3 安全心理资本的中介作用

通过以上分析可知,员工的工作压力会抑制其安全行为决策,但是工作压力对安全行为的影响不是单一的线性关系,员工的自我心理状态和心理健康水平往往在工作压力与安全行为的关系中发挥重要作用。员工良好的心理资本和心理状态可以有效缓解其对工作压力的反应,进而调节工作压力与安全行为之间的关系。

基于心理资本理论,员工的安全心理资本对其安全行为决策和其安全绩效具有重要的作用;基于社会认知理论,员工的安全心理资本与其工作压力反应以及行为决策之间交互影响,良好的安全心理资本可以增加员工的心理感知收益、缓解其工作压力反应,进而可以改善其安全行为决策。因此,我们提出以下假设。

H4:安全心理资本在工作压力与矿工的心理社会安全行为的关系中起中介作用。

H4a:安全心理资本在工作特征压力与矿工心理社会安全行为的关系中起中介作用。

H4b:安全心理资本在组织管理压力与矿工心理社会安全行为的关系中起中介作用。

H4c:安全心理资本在工作无奈感与矿工心理社会安全行为的关系中起中介作用。

4.2.3 心理社会安全氛围的调节作用

安全氛围是指员工对管理层相对于其他组织问题而对安全问题重视程度的看法。安全氛围的一个关键特征是它告知员工安全的真正优先级。安全氛围是指身体健康和安全的氛围,可用于预测身体安全行为。心理社会安全氛围是指保护工人心理健康和安全的“具体政策、实践和程序”,可用于预测心理健康和安全,在企业的安全管理和安全生产中起着重要作用。心理社会安全氛围凸显了企业内心理健康和安全的价值和重要性,以往研究表明,高心理社会安全氛围有利于缓解工作压力导致的情绪低落。因此,工作压力对安全心理资本的作用效果可能取决于心理社会安全氛围的水平。社会交换理论认为，在社会交换过程中，员工所付出的努力及其身心健康和安全能够得到管理层的优先重视时，员工会保持更加积极的心理状态来面对自己的工作，进而有利于安全行为和安全绩效的提升。

压力交易理论认为，个体对压力的评判决定了压力对个体心理与行为的影响程度，当员工承担过多的岗位职责和工作要求时，会更多地关注个人的付出是否得到领导的重视。如果企业具有较高的心理社会安全氛围，则员工更可能将工作中的压力转化为成功的动力，而苛刻的工作要求所带来的认知资源损耗（如焦虑、疲劳等）也会更低，进而有助于提升员工的安全心理资本和安全行为水平。反之，较低的心理社会安全氛围则可能使员工把在工作中承受的压力和负担转化成消极情绪，从而导致员工心理状态受到影响，不利于心理资本的发展，不利于员工安全行为的实施。此外，相关研究表明，组织的安全氛围水平（包括生理安全氛围和心理社会安全氛围）对员工面临高工作要求情境下的行为决策水平（包括生理安全行为和心理社会安全行为）具有显著的调节作用。基于以上分析，我们提出以下假设。

H5：心理社会安全氛围在工作压力与安全心理资本的关系间起调节作用，即心理社会安全氛围水平越高，工作压力对安全心理资本的负向影响越弱；反之，负向影响越强。

H5a：心理社会安全氛围在工作特征压力与安全心理资本的关系间起调节作用。

H5b：心理社会安全氛围在组织管理压力与安全心理资本的关系间起调节作用。

H5c：心理社会安全氛围在工作无奈感与安全心理资本的关系间起调节作用。

假设 H4 和 H5 揭示的关系进一步表达了一个有调节的中介效应模型。具体而言，安全心理资本在工作压力对心理社会安全行为的影响中发挥着中介作用，但其中介作用的大小取决于心理社会安全氛围的水平。当心理社会安全氛围水平较高时，工作压力对心理社会安全行为的负面影响较小，因为心理社会安全氛围更大程度地抑制了工作压力对心理社会安全行为的负向影响。相反，当心理社会安全氛围的水平较低时，工作压力对心理社会安全行为具有更大的负向影响，因为心理社会安全氛围微弱地抑制了工作压力对心理社会安全行为的负向影响。基于此，我们提出了有调节作用的中介效应假设。

H6：心理社会安全氛围在工作压力与矿工心理社会安全行为的间接关系间起调节作用，即心理社会安全氛围水平越高，工作压力通过安全心理资本与心理社会安全行为之间的间接关系越弱；反之，此间接关系越强。

H6a：心理社会安全氛围在工作特征压力与矿工心理社会安全行为的间接关系间起调节作用。

H6b：心理社会安全氛围在组织管理压力与矿工心理社会安全行为的间接关系间起调节作用。

H6c：心理社会安全氛围在工作无奈感与矿工心理社会安全行为的间接关系间起调节作用。

4.3　初始问卷的设计与实施

4.3.1　初始问卷的设计

对于实证分析来说，问卷调查法是一种精确科学的研究方法，相关变量量表的设计与开发是问卷调查法的基础和关键，因此，为了获得高质量的调查数据和研究结果，我们必须设计高质量的调查问卷。本书结合前文研究假设概念模型，借鉴前人相关成果，根据问卷设计要求和量表开发原则等编制调查问卷，能够科学合理地对工作压力对矿工心理社会安全行为的影响模型进行定量的测量。

问卷在设计时主要包括两部分内容：一部分是关于被调查对象的个人基本信息，包括年龄、工龄、婚姻状况、教育程度和工作岗位等；另一部分是对研究模型中各个研究变量的测量，包括工作压力、安全心理资本、心理社会安全氛围和心理社会安全行为等。

4.3.2　初始题项的生成与修正

本书中工作压力、安全心理资本、心理社会安全氛围和心理社会安全行为等量表的初始题项主要是在借鉴牛莉霞等(2014)、王璟等(2018)开发的相关成熟量表，以及根据各变量的操作化定义，并结合我国煤矿工人的工作现实情况的基础上进行修正、改进和开发(见表 4-1)。

表 4-1　初始量表构成

研究变量	维度或因素	对应题项
社会人口学变量	年龄	Q1
	工龄	Q2
	婚姻状况	Q3
	教育程度	Q4
	工作岗位	Q5

表 4-1(续)

研究变量		维度或因素	对应题项
工作压力	工作特征压力	安全环境	Q6～Q8
		工作负荷	Q9～Q11
	组织管理压力	安全管理方式	Q12～Q13
		领导风格	Q14～Q15
		组织支持	Q16～Q17
	工作无奈感	角色冲突	Q18～Q19
		控制感	Q20～Q22
安全心理资本		安全自我效能	Q23～Q25
		希望	Q26～Q27
		自我调节	Q28～Q29
		乐观	Q30～Q32
		韧性	Q33～ Q35
		冷静	Q36～Q37
心理社会安全氛围		管理承诺	Q38～Q40
		管理优先权	Q41～Q43
		组织沟通	Q44～Q46
		组织参与	Q47～Q49
心理社会安全行为		安全遵守行为	Q50～Q52
		安全参与行为	Q53～Q55

4.3.3 预调研与初始量表检验

本书以陕西省、甘肃省、河南省的几个煤矿企业的一线工人作为调查对象，对其发放调查问卷。之所以选取这三个省份的几个煤矿企业，是考虑到这些煤矿企业都是大型企业，都拥有多个小型下属煤矿公司，矿工人数较多，工种较丰富，可以反映大多数煤矿企业员工的特征，具有一定的代表性。在预测试调研期间，共发放200 份调查问卷，其中有 5 份问卷连续 8 题以上选择同一值，因此将这 5 份问卷剔除，最终获得 195 份有效问卷，问卷有效回收率为 97.5%。

本书主要采用 SPSS24.0 统计软件对初始量表的信度和效度进行检验。其中，信度检验主要包括工作压力、工作特征压力、组织管理压力、工作无奈感、安全心理资本、心理社会安全氛围、心理社会安全行为和总量表等 8 个部分。

4.3.3.1 信度检验

本书中使用 Cronbach's α 系数法对各测量量表的信度水平进行检验，结果见表 4-2。从表 4-2 可以看出，各量表的 Cronbach's α 系数均大于 0.7，说明测量量表的信度水平均良好。

表 4-2　预调研各量表的信度检验结果

量表	Cronbach's α 系数	题项数
工作压力	0.757	17
工作特征压力	0.824	6
组织管理压力	0.835	6
工作无奈感	0.745	5
安全心理资本	0.955	15
心理社会安全氛围	0.950	12
心理社会安全行为	0.891	6
总量表	0.923	50

4.3.3.2　效度分析

为了更好地确定量表的可靠性和量表内容的真实性，本书首先对各量表进行 KMO(Kaiser-Meyer-Olkin)测量和 Bartlett's 检验；当各量表通过 KMO 测量和 Bartlett's 检验之后，再运用因子分析法来验证各量表的结构效度。

(1) 工作压力量表的效度分析

表 4-3 为工作压力初始量表的 KMO 和 Bartlett 检验。由表 4-3 可知，工作压力初始量表的 KMO 值为 0.821(大于 0.7)，具有较大的 Bartlett 球形检验卡方值，且具有显著的统计学意义(Sig. =0.000<0.05)，说明可以进一步对工作压力初始量表进行探索性因子分析。

表 4-3　工作压力初始量表的 KMO 和 Bartlett 检验

取样足够度的 KMO 度量		0.821
Bartlett 球形度检验	近似卡方	1 303.774
	df	136
	Sig.	0.000

运用主成分分析法提取出工作压力量表中所有特征值大于 1 的因子进行方差旋转，得到工作压力总体变量的解释结果，如表 4-4 所示。由表 4-4 可以看出，经过方差旋转，工作压力量表的 17 个题项最终得到三个因子，累计解释方差率为 57.451%，前文理论模型得到进一步验证。

表 4-4　工作压力量表的因子解释总方差

成分	初始特征值			提取平方和载入		
	总方差	方差率	累计解释方差率	总方差	方差率	累计解释方差率
1	4.170	24.532%	24.532%	4.170	24.532%	24.532%
2	3.131	18.415%	42.947%	3.131	18.415%	42.947%
3	2.466	14.503%	57.451%	2.466	14.503%	57.451%
4	0.906	5.330%	62.781%			
5	0.835	4.914%	67.695%			
6	0.728	4.281%	71.975%			
7	0.651	3.829%	75.805%			
8	0.585	3.443%	79.248%			
9	0.556	3.273%	82.520%			
10	0.533	3.136%	85.656%			
11	0.469	2.762%	88.418%			
12	0.427	2.513%	90.931%			
13	0.414	2.433%	93.364%			
14	0.362	2.132%	95.496%			
15	0.319	1.879%	97.375%			
16	0.235	1.383%	98.759%			
17	0.211	1.241%	100.000%			

表 4-5 为工作压力初始量表的正交旋转成分矩阵。由表 4-5 可知，因子载荷值小于 0.5 的只有工作特征压力的题项 A5，因此，我们将题项 A5 删除，使其余题项较好地分布在工作特征压力、组织管理压力和工作无奈感 3 个潜在因子上。综上，工作压力测量量表具有较好的效度。

表 4-5　工作压力初始量表的正交旋转成分矩阵

题项	因子载荷值		
	1	2	3
A1	0.845%	0.023%	0.058%
A2	0.846%	0.136%	0.015%

表 4-5(续)

题项	因子载荷值		
	1	2	3
A3	0.796%	0.025%	0.000%
A4	0.862%	0.114%	−0.016%
A5	0.022%	0.084%	−0.019%
A6	0.771%	0.026%	−0.033%
A7	0.067%	0.660%	−0.120%
A8	0.088%	0.726%	0.048%
A9	0.114%	0.707%	−0.065%
A10	0.055%	0.786%	−0.061%
A11	−0.021%	0.780%	−0.096%
A12	0.018%	0.703%	0.041%
A13	0.002%	−0.070%	0.761%
A14	−0.040%	0.052%	0.737%
A15	−0.154%	−0.087%	0.777%
A16	0.031%	0.020%	0.709%
A17	0.158%	−0.128%	0.549%

(2) 安全心理资本量表的效度分析

表 4-6 为安全心理资本初始量表的 KMO 和 Bartlett 检验。由表 4-6 可知，安全心理资本量表的 KMO 值为 0.957，具有较大的 Bartlett 球形检验卡方值，且具有显著的统计学意义（Sig. ＝0.000，Sig. ＜0.05），说明可以进一步对安全心理资本初始量表进行探索性因子分析。

表 4-6　安全心理资本初始量表的 KMO 和 Bartlett 检验

取样足够度的 KMO 度量		0.957
Bartlett 球形度检验	近似卡方值	2 177.300
	df	105
	Sig.	0.000

我们运用主成分分析法提取出安全心理资本量表中所有特征值大于 1 的因子，进行方差旋转得到安全心理资本总体变量的解释结果，如表 4-7 所示。由表 4-7可以看出，经过方差旋转，安全心理资本的 15 个题项共得到 1 个因子，总体

变异的61.519%可由该因子进行解释,说明安全心理资本量表是单维度结构。

表4-7 安全心理资本量表的因子解释总方差

成分	初始特征值			提取平方和载入		
	总方差	方差率	累计解释方差率	总方差	方差率	累计解释方差率
1	9.228	61.519%	61.519%	9.228	61.519%	61.519%
2	0.789	5.262%	66.780%			
3	0.678	4.521%	71.302%			
4	0.611	4.072%	75.374%			
5	0.535	3.567%	78.941%			
6	0.489	3.259%	82.200%			
7	0.420	2.798%	84.998%			
8	0.390	2.597%	87.595%			
9	0.366	2.437%	90.033%			
10	0.319	2.126%	92.159%			
11	0.304	2.025%	94.184%			
12	0.289	1.927%	96.111%			
13	0.224	1.492%	97.603%			
14	0.200	1.334%	98.936%			
15	0.160	1.064%	100.000%			

由于在安全心理资本变量中只有一个因子被提取出,因此将提取出的该因子定义为安全心理资本,通过转轴分析,得到如表4-8所示的安全心理资本在各个题项上的因子负荷矩阵。由表4-8可以看出,安全心理资本变量在15个题项上的因子载荷都在0.5以上,因此,最终根据因子载荷结果、KMO测量结果和Bartlett球形检验结果,可以看出安全心理资本量表的结构效度良好。

表4-8 安全心理资本因子负荷矩阵表

题项	因子载荷值
B1	0.843
B2	0.817

表 4-8(续)

题项	因子载荷值
B3	0.870
B4	0.849
B5	0.764
B6	0.700
B7	0.799
B8	0.849
B9	0.764
B10	0.709
B11	0.819
B12	0.821
B13	0.670
B14	0.746
B15	0.708

(3) 心理社会安全氛围量表的效度分析

表 4-9 为心理社会安全氛围初始量表的 KMO 和 Bartlett 检验。由表 4-9 可知,心理社会安全氛围量表的 KMO 值为 0.952,具有较大的 Bartlett 球形检验卡方值,且具有显著的统计学意义(Sig.＝0.000,Sig.＜0.05),说明可以对心理社会安全氛围初始量表进行探索性因子分析。

表 4-9　心理社会安全氛围初始量表的 KMO 和 Bartlett 检验

取样足够度的 KMO 度量		0.952
Bartlett 球形度检验	近似卡方	1 779.026
	df	66
	Sig.	0.000

我们运用主成分分析法提取出心理社会安全氛围量表中所有特征值大于 1 的因子,进行方差旋转得到心理社会安全氛围总体变量的解释结果,如表 4-10 所示。由表 4-10 可以看出,经过旋转心理社会安全氛围量表的 12 个题项共得到 1 个因子,且总体变异的 64.760%可以由该因子来解释,说明心理社会安全氛围量表是单维度结构。

表 4-10　心理社会安全氛围量表的因子解释总方差

成分	初始特征值			提取平方和载入		
	总方差	方差率	累计解释方差率	总方差	方差率	累计解释方差率
1	7.771	64.760%	64.760%	7.771	64.760%	64.760%
2	0.679	5.655%	70.415%			
3	0.597	4.971%	75.386%			
4	0.528	4.403%	79.789%			
5	0.442	3.682%	83.471%			
6	0.395	3.291%	86.762%			
7	0.355	2.955%	89.717%			
8	0.324	2.700%	92.416%			
9	0.296	2.469%	94.885%			
10	0.230	1.920%	96.805%			
11	0.215	1.790%	98.596%			
12	0.169	1.404%	100.000%			

由于心理社会安全氛围变量只提取出了 1 个因子，因此将提取出的该因子定义为心理社会安全氛围，通过转轴分析，可以得到如表 4-11 所示的心理社会安全氛围在各个题项上的因子负荷矩阵。由表 4-11 可以看出，心理社会安全氛围变量在 12 个题项上的因子载荷值都在 0.5 以上，因此，根据因子载荷结果、KMO 测量结果和 Bartlett 球形检验结果，可以得出心理社会安全氛围量表的结构效度良好。

表 4-11　心理社会安全氛围的因子负荷矩阵表

题项	因子载荷值
C1	0.849
C2	0.823
C3	0.872
C4	0.850
C5	0.769
C6	0.702
C7	0.801
C8	0.854

表 4-11(续)

题项	因子载荷值
C9	0.768
C10	0.707
C11	0.824
C12	0.817

(4) 心理社会安全行为量表的效度分析

表 4-12 为心理社会安全行为初始量表的 KMO 和 Bartlett 检验。由表 4-12 可知,心理社会安全行为量表的 KMO 值为 0.894,具有较大的 Bartlett 球形检验卡方值,且具有显著的统计学意义(Sig. =0.000,Sig. <0.05),说明可以对心理社会安全行为初始量表进行探索性因子分析。

表 4-12　心理社会安全行为初始量表的 KMO 和 Bartlett 检验

取样足够度的 KMO 度量		0.894
Bartlett 球形度检验	近似卡方	609.164
	df	15
	Sig.	0.000

我们运用主成分分析法提取出心理社会安全行为量表中所有特征值大于 1 的因子,进行方差旋转得到心理社会安全行为总体变量的解释结果,如表 4-13 所示。从表 4-13 可以看出,6 个题项经过旋转共得到 1 个因子,且总体变异的 64.902% 可由该因子来解释,说明心理社会安全行为量表是单维度结构。

表 4-13　心理社会安全行为量表的因子解释的总方差

成分	初始特征值			提取平方和载入		
	总方差	方差率	累计解释方差率	总方差	方差率	累计解释方差率
1	3.894	64.902%	64.902%	3.894	64.902%	64.902%
2	0.682	11.367%	76.268%			
3	0.417	6.952%	83.220%			
4	0.371	6.178%	89.398%			
5	0.342	5.692%	95.090%			
6	0.295	4.910%	100.000%			

由于心理社会安全行为变量只提取出了1个因子，因此将提取出的该因子定义为心理社会安全行为，通过转轴分析，得到如表4-14所示的心理社会安全行为在各个题项上的因子负荷矩阵。由表4-14可以看出，心理社会安全行为变量在6个题项上的因子载荷都在0.5以上，因此，根据因子载荷结果、KMO测量结果和Bartlett球形检验结果，可以得出心理社会安全行为量表的结构效度良好。

表4-14 心理社会安全行为的因子负荷矩阵表

题项	因子载荷值
D1	0.806
D2	0.794
D3	0.869
D4	0.728
D5	0.780
D6	0.850

4.3.4 初始量表修订与正式量表生成

经过对所有量表的信度和效度检验之后，我们将初始问卷中不能准确测量工作特征压力的题项A5删掉，得到了工作压力对煤矿工人心理社会安全行为影响的正式问卷。

4.4 正式调研与样本情况

4.4.1 正式调研样本数据收集

通过对初始问卷进行预测试并修正后，对陕西、甘肃、河南的煤矿企业的一线矿工发放正式问卷。问卷主要采用现场调查(通过在煤矿实习的学生进行现场发放问卷)和网络调查(分享问卷链接)相结合的方式同时收集。现场调查共发放问卷200份，回收有效问卷175份，有效回收率为87.5%；网络调查共发放问卷220份，回收有效问卷195份，有效回收率为88.6%。最终，共发放问卷420份，获取有效问卷370份，有效问卷回收率为88.1%。

4.4.2 正式调研样本特征分析

为了详细了解在不同年龄、工龄、婚姻状况、文化程度和工作岗位等方面的一线矿工的分布情况，我们对回收的有效问卷进行了样本特征分析，如表4-15所示。

表 4-15　正式调研样本分布概况

项目	变量	频数	比例
年龄	30 岁及以下	136	36.8%
	31～40 岁	152	41.0%
	41～50 岁	64	17.3%
	51 岁及以上	18	4.9%
工龄	5 年及以下	120	32.4%
	6～15 年	198	53.5%
	16～25 年	44	11.9%
	26 年及以上	8	2.2%
婚姻状况	未婚	98	26.5%
	已婚	247	66.7%
	其他	25	6.8%
文化程度	小学及以下	54	14.6%
	初中	113	30.6%
	高中(含中专、技校)	144	38.9%
	大专及以上	59	15.9%
工作岗位	机电	62	16.7%
	掘进	84	22.8%
	采煤	108	29.2%
	运输	44	11.8%
	通风	72	19.5%

所有受访者都是男性。大多数矿工年龄介于 31～50 岁之间，占比为 95.1%。大部分受访者表示他们的婚姻状况为已婚(66.7%)。大部分矿工参与者完成了高中学业(38.9%)，少数矿工具有大专及以上学历(15.9%)。29.2%的矿工参与者的工作岗位为煤炭开采，16.7%的矿工的工作岗位为机电，22.8%的矿工的工作岗位为掘进，11.8%的矿工的工作岗位为运输，19.5%的矿工的工作岗位为通风。关于煤矿工人的工龄，6～15 年最多，占比为 53.5%；其次是 1～5 年，占比为 32.4%。

4.5 正式量表的检验

4.5.1 正态性检验

为保证调研数据的科学性和合理性，首先应对调研数据进行正态性检验。我们通过统计各题项数据的偏度和峰度的统计值和标准误差来实现正态性检验，检验结果如表 4-16 所示。由表 4-16 可知，工作压力、安全心理资本、心理社会安全氛围和心理社会安全行为等测量题项的偏度和峰度系数的绝对值均小于 2，说明量表数据近似正态分布。

表 4-16 正式量表的正态性检验结果

题项	偏度		峰度		题项	偏度		峰度	
	统计量	标准误差	统计量	标准误差		统计量	标准误差	统计量	标准误差
A1	0.171	0.127	−0.375	0.253	B10	−0.242	0.127	−0.359	0.253
A2	0.380	0.127	0.300	0.253	B11	−0.236	0.127	0.088	0.253
A3	0.231	0.127	−0.307	0.253	B12	−0.146	0.127	−0.087	0.253
A4	0.388	0.127	−0.072	0.253	B13	−0.406	0.127	−0.154	0.253
A5	0.053	0.127	−0.606	0.253	B14	−0.492	0.127	−0.087	0.253
A6	0.221	0.127	−0.874	0.253	B15	−0.215	0.127	−0.281	0.253
A7	0.617	0.127	0.486	0.253	C1	−0.185	0.127	−0.480	0.253
A8	0.379	0.127	−0.014	0.253	C2	−0.207	0.127	−0.401	0.253
A9	0.400	0.127	−0.231	0.253	C3	−0.237	0.127	−0.325	0.253
A10	0.272	0.127	−0.179	0.253	C4	−0.332	0.127	−0.115	0.253
A11	0.364	0.127	−0.323	0.253	C5	−0.262	0.127	−0.389	0.253
A12	0.332	0.127	−0.134	0.253	C6	−0.114	0.127	−0.079	0.253
A13	0.009	0.127	−0.416	0.253	C7	−0.049	0.127	−0.522	0.253
A14	0.324	0.127	−0.360	0.253	C8	0.030	0.127	−0.180	0.253
A15	0.584	0.127	−0.044	0.253	C9	−0.168	0.127	−0.506	0.253
A16	0.250	0.127	−0.350	0.253	C10	−0.055	0.127	0.110	0.253
B1	−0.183	0.127	0.143	0.253	C11	0.046	0.127	−0.426	0.253
B2	−0.368	0.127	0.172	0.253	C12	−0.298	0.127	−0.201	0.253
B3	−0.471	0.127	−0.026	0.253	D1	−0.530	0.127	0.183	0.253
B4	−0.353	0.127	0.040	0.253	D2	−0.503	0.127	−0.151	0.253

表 4-16(续)

题项	偏度		峰度		题项	偏度		峰度	
	统计量	标准误差	统计量	标准误差		统计量	标准误差	统计量	标准误差
B5	−0.328	0.127	−0.271	0.253	D3	−0.551	0.127	−0.139	0.253
B6	−0.408	0.127	0.102	0.253	D4	−0.137	0.127	−0.423	0.253
B7	−0.151	0.127	−0.191	0.253	D5	−0.183	0.127	−0.329	0.253
B8	−0.202	0.127	0.010	0.253	D6	−0.513	0.127	−0.089	0.253
B9	−0.179	0.127	−0.219	0.253					

4.5.2　信度、效度及因子分析

4.5.2.1　正式量表的信度分析

我们运用 Cronbach's α系数法对正式量表的信度进行检验，结果见表 4-17。由表 4-17 可知，工作压力、安全心理资本、心理社会安全氛围和心理社会安全行为等所有量表的 Cronbach's α系数均大于 0.75，因此本书中所有量表的可靠性良好。

表 4-17　正式量表的信度检验结果

量表	题项数	Cronbach's α 系数
工作压力	16	0.923
工作特征压力	5	0.818
组织管理压力	6	0.754
工作无奈感	5	0.814
安全心理资本	15	0.936
心理社会安全氛围	12	0.953
心理社会安全行为	6	0.897
总量表	49	0.854

4.5.2.2　正式量表的效度分析

我们运用 KMO 和 Bartlett 球形检验对各正式量表的效度进行检验，结果如表 4-18 所示。由表 4-18 可知，各正式量表的 KMO 值均大于 0.65，Bartlett 球形检验的显著性水平均为 0.000，说明各量表的效度良好，适合进行下一步的因子分析。

表 4-18　各正式量表的 KMO 和 Bartlett 检验结果

量表	取足够的 KMO 度量	Bartlett 球形度检验		
		近似卡方	df	Sig.
工作压力	0.944	2 706.286	120	0.000
工作特征压力	0.816	586.082	10	0.000
组织管理压力	0.826	409.123	15	0.000
工作无奈感	0.815	577.782	10	0.000
安全心理资本	0.932	3 288.959	105	0.000
心理社会安全氛围	0.955	3 581.709	66	0.000
心理社会安全行为	0.898	1 226.567	15	0.000

4.5.2.3　正式量表的因子分析

为了更好地测量所有量表的结构效度，我们采用验证性因子分析进一步对矿工工作压力量表、安全心理资本量表、心理社会安全氛围量表和心理社会安全行为量表的结构效度进行检验，结果如表 4-19 所示。由表 4-19 可知，与其他 6 个竞争模型相比，六因子模型对数据的拟合度最佳（六因子模型的χ^2/df 的值最小且小于 2，NNFI 值和 CFI 值最大且大于 0.9，RMSEA 值和 SRMR 值最小且小于 0.05），说明本书中涉及的六变量具有良好的区分效度。

表 4-19　正式量表的验证性因子分析拟合指标结果

模型	χ^2	df	χ^2/df	NNFI	CFI	RMSEA	SRMR	$\Delta\chi^2(\Delta df)$
基准模型(六因子模型)	1 633.820	1 112	1.469	0.910	0.915	0.045	0.041	—
五因子模型 1 (JCS ＋ JHS)	1 648.363	1 117	1.476	0.909	0.913	0.051	0.046	14.543(5)***
五因子模型 2 (PSC＋ PSB)	1 847.678	1 117	1.654	0.874	0.881	0.060	0.056	213.858(5)***
五因子模型 3 (PCS＋ PSC)	2 046.477	1 117	1.832	0.840	0.848	0.067	0.057	412.657(5)***
四因子模型 1 (PCS＋PSC＋PSB)	2 081.317	1 121	1.857	0.835	0.843	0.068	0.057	447.497(9)***
四因子模型 2 (OMS＋PCS＋PSC)	2 175.371	1 121	1.941	0.819	0.828	0.071	0.061	541.551(9)***
单因子模型	2 327.948	1 127	2.066	0.795	0.804	0.076	0.062	694.128(15)***

注：N=370；JCS＝工作特征压力；JHS＝工作无奈感；PCS＝安全心理资本；PSC＝心理社会安全氛围；PSB＝心理社会安全行为；OMS＝组织管理压力。χ^2为卡方值，df 为自由度，NNFI 为非规则适配指数，CFI 为比较适配指数，RMSEA 为渐进残差均方和平方根，SRMR 为标准化残差均方根。

本章以现有成熟量表为基础，进一步修订和构建了本书中所用到的矿工工作压力量表、安全心理资本量表、心理社会安全氛围量表和心理社会安全行为量表。根据测量量表形成初始问卷之后，向一线矿工发放预测试问卷，进而根据所获得预测试数据优化初始问卷，最终形成正式问卷，并向矿工发放问卷。最终，共回收 370 份有效问卷。根据正式问卷所获得的数据，对所有最终确定的正式量表进行了信度和效度检验、因子分析等。

第5章 工作压力对矿工心理社会安全行为影响的实证研究

本章主要结合前一章所收集的数据，对前文提出的理论假设模型和研究假设进行验证，并结合假设检验结果进行结果讨论分析。

5.1 各测量变量的个体间差异

本书中主要的控制变量有：矿工的年龄、工龄、婚姻状况、文化程度和工作岗位。下文将采用单因素方差分析法分析控制变量对中介变量和结果变量的影响程度。

5.1.1 年龄对各测量变量的差异性分析

我们运用单因素方差分析方法，对不同年龄矿工的安全心理资本水平和心理社会安全行为水平的差异性进行分析，结果如表5-1所示。

表5-1 不同年龄段矿工的安全心理资本水平和心理社会安全行为水平差异性分析

变量	类别	平方和	df	均方	F	Sig.
安全心理资本	组间	53.698	3	17.899	54.169	0.000
	组内	120.940	366	0.330		
	总数	174.638	369			
心理社会安全行为	组间	63.455	3	21.152	41.360	0.000
	组内	187.177	366	0.511		
	总数	250.632	369			

由表5-1可以看出，安全心理资本和心理社会安全行为在年龄上具有显著的差异性。进一步地，我们对安全心理资本和心理社会安全行为的得分均值进

行比较，结果如表 5-2 所示。由表 5-2 可知，41～50 岁矿工的安全心理资本水平和心理社会安全行为水平最高，其次是 51 岁及以上、31～40 岁、30 岁及以下。

表 5-2　不同年龄段矿工的安全心理资本和心理社会安全行为均值比较

年龄	安全心理资本		心理社会安全行为	
	均值	标准差	均值	标准差
30 岁及以下	2.822 5	0.782 07	3.053 9	0.897 62
31～40 岁	3.275 9	0.381 86	3.520 8	0.592 54
41～50 岁	3.915 6	0.205 13	4.252 6	0.361 25
51 岁及以上	3.429 6	0.897 70	3.611 1	1.004 89

5.1.2　工龄对各测量变量的差异性分析

我们运用单因素方差分析方法，对不同工龄矿工的安全心理资本水平和心理社会安全行为水平的差异性进行分析，结果如表 5-3 所示。由表 5-3 可以看出，安全心理资本和心理社会安全行为在矿工不同工龄之间不存在显著的差异性。

表 5-3　不同工龄矿工的安全心理资本水平和心理社会安全行为水平差异性分析

变量	类别	平方和	df	均方	*F*	Sig.
安全心理资本	组间	0.996	3	0.332	0.700	0.553
	组内	173.642	366	0.474		
	总数	174.638	369			
心理社会安全行为	组间	1.902	3	0.634	0.933	0.425
	组内	248.730	366	0.680		
	总数	250.632	369			

5.1.3　婚姻状况对各测量变量的差异性分析

我们运用单因素方差分析方法，对不同婚姻状况矿工的安全心理资本水平和心理社会安全行为水平的差异性进行分析，结果如表 5-4 所示。

表 5-4　不同婚姻状况矿工的安全心理资本水平和心理社会安全行为水平的差异性分析

变量	类别	平方和	df	均方	*F*	Sig.
安全心理资本	组间	89.669	2	44.834	193.649	0.000
	组内	84.969	367	0.232		
	总数	174.638	369			

表 5-4(续)

变量	类别	平方和	df	均方	*F*	Sig.
心理社会安全行为	组间	172.284	2	86.142	403.510	0.000
	组内	78.348	367	0.213		
	总数	250.632	369			

由表 5-4 可以看出，安全心理资本和心理社会安全行为在矿工不同的婚姻状况之间存在显著的差异性。

进一步地，我们对安全心理资本和心理社会安全行为的得分均值进行了比较，结果如表 5-5 所示。由表 5-5 可知，已婚矿工的安全心理资本和心理社会安全行为水平最高，其次是其他状态、未婚状态。

表 5-5　不同婚姻状况矿工的安全心理资本和心理社会安全行为均值比较

婚姻状况	安全心理资本		心理社会安全行为	
	均值	标准差	均值	标准差
未婚	2.417 7	0.648 94	2.401 4	0.555 01
已婚	3.548 2	0.418 82	3.948 7	0.441 29
其他	3.232 0	0.201 03	3.080 0	0.153 06

5.1.4　文化程度对各测量变量的差异性分析

我们运用单因素方差分析方法，对不同文化程度矿工的安全心理资本水平和心理社会安全行为水平的差异性进行分析，结果如表 5-6 所示。由表 5-6 可以看出，安全心理资本和心理社会安全行为在矿工不同的文化程度之间存在显著的差异性。

表 5-6　不同文化程度矿工的安全心理资本水平和心理社会安全行为水平的差异性分析

变量	类别	平方和	df	均方	*F*	Sig.
安全心理资本	组间	94.282	3	31.427	143.143	0.000
	组内	80.356	366	0.220		
	总数	174.638	369			
心理社会安全行为	组间	164.639	3	54.880	233.577	0.000
	组内	85.993	366	0.235		
	总数	250.632	369			

进一步地，我们对安全心理资本和心理社会安全行为的得分均值进行了比较，结果如表 5-7 所示。由表 5-7 可知，矿工的文化程度越高，其安全心理资本和心理社会安全行为水平越高。

表 5-7　不同文化程度矿工的安全心理资本和心理社会安全行为均值比较

文化程度	安全心理资本		心理社会安全行为	
	均值	标准差	均值	标准差
小学及以下	2.055 8	0.621 28	2.034 0	0.477 48
初中	3.157 6	0.467 70	3.267 2	0.525 94
高中(含中专、技校)	3.451 0	0.407 36	3.810 0	0.438 00
大专及以上	3.781 3	0.457 35	4.289 1	0.503 29

5.1.5　工作岗位对各测量变量的差异性分析

我们运用单因素方差分析方法，对不同工作岗位矿工的安全心理资本水平和心理社会安全行为水平的差异性进行分析，结果如表 5-8 所示。

表 5-8　不同工作岗位矿工的安全心理资本水平和心理社会安全行为水平的差异性分析

变量	类别	平方和	df	均方	*F*	Sig.
安全心理资本	组间	2.062	4	0.515	1.090	0.361
	组内	172.576	365	0.473		
	总数	174.638	369			
心理社会安全行为	组间	3.148	4	0.787	1.161	0.328
	组内	247.484	365	0.678		
	总数	250.632	369			

由表 5-8 可以看出，安全心理资本和心理社会安全行为在矿工不同的工作岗位之间不存在显著的差异性。

5.2　各变量间的相关分析

5.2.1　工作压力与安全心理资本的相关分析

我们对工作压力及其各维度与安全心理资本进行相关分析，结果如表 5-9 所示。

表 5-9 工作压力及其各维度与安全心理资本的相关分析

变量		工作特征压力	组织管理压力	工作无奈感	工作压力
安全心理资本	Person 相关性	−0.719**	−0.757**	−0.675**	−0.764**
	显著性(双侧)	0.000	0.000	0.000	0.000
	N	370	370	370	370

注：** 表示 $p<0.01$。下表同。

根据表 5-9 可以看出，工作压力与安全心理资本显著负相关，相关系数为 −0.764($p<0.01$)；工作特征压力、组织管理压力和工作无奈感都与安全心理资本呈显著负相关，相关系数分别为 −0.719($p<0.01$)、−0.757($p<0.01$)、−0.675($p<0.01$)。

5.2.2 安全心理资本与心理社会安全行为的相关分析

我们对安全心理资本与心理社会安全行为进行相关分析，结果如表 5-10 所示。

表 5-10 安全心理资本与心理社会安全行为的相关分析

变量		心理社会安全行为
安全心理资本	Person 相关性	0.882**
	显著性(双侧)	0.000
	N	370

根据表 5-10 可以看出，安全心理资本与心理社会安全行为显著正相关，相关系数为 0.882($p<0.01$)。

5.2.3 工作压力与心理社会安全行为的相关分析

我们对工作压力及其各维度与心理社会安全行为进行相关分析，结果如表 5-11所示。

表 5-11 工作压力及其各维度与心理社会安全行为的相关分析

变量		工作特征压力	组织管理压力	工作无奈感	工作压力
心理社会安全行为	Person 相关性	−0.755**	−0.771**	−0.734**	−0.802**
	显著性(双侧)	0.000	0.000	0.000	0.000
	N	370	370	370	370

根据表 5-11 可以看出，工作压力与心理社会安全行为显著负相关，相关系

数为$-0.802(p<0.01)$；工作特征压力、组织管理压力、工作无奈感均与心理社会安全行为显著负相关，相关系数分别为$-0.755(p<0.01)$、$-0.771(p<0.01)$、$-0.734(p<0.01)$。

5.2.4　工作压力与心理社会安全氛围的相关分析

我们对工作压力及其各维度与心理社会安全氛围进行相关分析，结果如表 5-12 所示。

表 5-12　工作压力及其各维度与心理社会安全氛围的相关分析

变量		工作特征压力	组织管理压力	工作无奈感	工作压力
心理社会安全氛围	Person 相关性	-0.657**	-0.665**	-0.730**	-0.727**
	显著性（双侧）	0.000	0.000	0.000	0.000
	N	370	370	370	370

根据表 5-12 可以看出，工作压力与心理社会安全氛围显著负相关，相关系数为$-0.727(p<0.01)$；工作特征压力、组织管理压力、工作无奈感均与心理社会安全氛围显著负相关，相关系数分别为$-0.657(p<0.01)$、$-0.665(p<0.01)$、$-0.730(p<0.01)$。

5.2.5　安全心理资本与心理社会安全氛围的相关分析

我们对安全心理资本与心理社会安全氛围进行相关分析，结果如表 5-13 所示。

表 5-13　安全心理资本与心理社会安全氛围的相关分析

变量		心理社会安全氛围
安全心理资本	Person 相关性	0.750**
	显著性（双侧）	0.000
	N	370

根据表 5-13 可以看出，安全心理资本与心理社会安全氛围显著正相关，相关系数为$0.750(p<0.01)$。

5.2.6　心理社会安全氛围与心理社会安全行为的相关分析

我们对心理社会安全氛围与心理社会安全行为进行相关分析，结果如表 5-14 所示。

表 5-14 心理社会安全氛围与心理社会安全行为的相关分析

变量		心理社会安全行为
心理社会安全氛围	Person 相关性	0.796**
	显著性(双侧)	0.000
	N	370

根据表 5-14 可以看出,心理社会安全氛围与心理社会安全行为显著正相关,相关系数为 0.796($p<0.01$)。

5.3 工作压力对矿工心理社会安全行为影响的效应分析

5.3.1 工作压力的直接驱动效应分析

为检验工作压力对心理社会安全行为的直接作用,我们采用层级回归分析法,分析了工作压力及其各维度(工作特征压力、组织管理压力、工作无奈感)对心理社会安全行为的预测效应,回归模型分析结果如表 5-15 所示。

表 5-15 工作压力及其各维度对心理社会安全行为的回归分析结果

变量	安全心理资本			
	回归 1	回归 2		
		模型 1	模型 2	模型 3
(常量)	—	—	—	—
工作压力	−0.802***	—	—	—
工作特征压力	—	−0.755***	−0.364***	−0.262***
组织管理压力	—	—	−0.464***	−0.380***
工作无奈感	—	—	—	−0.209***
R^2	0.643	0.571	0.632	0.644
ΔR^2	0.643	0.571	0.062	0.012
F	661.371***	489.016***	315.617***	220.926***

注:*** 表示 $p<0.001$,R^2 代表复确定系数,F 代表方差分析检验统计量。回归 1 表示工作压力对心理社会安全行为的回归分析结果;回归 2 表示工作压力各维度对心理社会安全行为的回归分析结果,其中,模型 1 代表输入工作特征压力后的回归分析结果,模型 2 代表在模型 1 的基础上输入组织管理压力后的回归分析结果,模型 3 代表在模型 1 和模型 2 的基础上输入工作无奈感之后的回归分析结果。

由表 5-15 可知,工作压力对矿工心理社会安全行为影响的效应模型拟合指数达到了较高水平（F=661.371，p<0.001）。进一步地，通过路径系数的显著性水平可以看出，工作压力对矿工的心理社会安全行为具有显著的负向预测作用（r=−0.802，表示相关特征系数；p<0.001），这证实了假设 H1。同理，工作压力各维度对矿工心理社会安全行为的影响效应模型拟合指数达到了较高水平（F=220.926，p<0.001）。进一步地，通过路径系数显著性水平可以看出，工作特征压力（r=−0.262，p<0.001）、组织管理压力（r=−0.380，p<0.001）和工作无奈感（r=−0.209，p<0.001）对矿工的心理社会安全行为具有显著的负向预测作用，而且模型不存在共线性，这证实了假设 H1a、H1b 和 H1c。

5.3.2　工作压力对安全心理资本影响的效应分析

为检验工作压力对安全心理资本的直接作用，采用层级回归分析法，分析了工作压力以及工作压力各维度（工作特征压力、组织管理压力、工作无奈感）对安全心理资本的预测效应，回归模型分析结果如表 5-16 所示。

表 5-16　工作压力及其各维度对安全心理资本的回归分析结果

变量	安全心理资本			
	回归 1	回归 2		
		模型 1	模型 2	模型 3
（常量）	—	—	—	—
工作压力	−0.764***	—	—	—
工作特征压力	—	−0.719***	−0.277***	−0.239***
组织管理压力	—	—	−0.523***	−0.492***
工作无奈感	—	—	—	−0.078
R^2	0.583	0.516	0.595	0.597
ΔR^2	0.583	0.516	0.079	0.002
F	514.728***	393.079***	269.609***	180.484***

注：***表示 p<0.001，R^2代表复确定系数，F 代表方差分析检验统计量。回归 1 表示工作压力对矿工安全心理资本的回归分析结果；回归 2 表示工作压力各维度对安全心理资本的回归分析结果，其中，模型 1 代表输入工作特征压力后的回归分析结果，模型 2 代表在模型 1 的基础上输入组织管理压力后的回归分析结果，模型 3 代表在模型 1 和模型 2 的基础上输入工作无奈感之后的回归分析结果。

由表 5-16 可知，工作压力对矿工安全心理资本的预测效应模型拟合指数达到了较高水平（F=514.728，p<0.001）。进一步地，通过路径系数及其显著性水平可以看出，工作压力对矿工安全心理资本具有显著的负向预测作用（r=−0.764，p<0.001），这证实了假设 H2。同理，工作压力各维度对矿工安全心理资本的预测效应模型拟合指数达到了较高水平（F=180.484，p<0.001）。进

一步地，通过路径系数及其显著性水平可以看出，工作特征压力（$r=-0.239$，$p<0.001$）、组织管理压力（$r=-0.492$，$p<0.001$）对矿工安全心理资本具有显著的负向预测作用，这证实了假设 H2a 和 H2b；而工作无奈感（$r=-0.078$，$p>0.05$）不能显著地负向影响矿工安全心理资本，假设 H2c 未能被证实。

5.3.3 安全心理资本对心理社会安全行为影响的效应分析

为检验安全心理资本对心理社会安全行为的直接作用，我们采用回归分析法分析了安全心理资本对心理社会安全行为的预测效应，回归模型分析结果如表 5-17 所示。

表 5-17 安全心理资本对心理社会安全行为的回归分析结果

变量	心理社会安全行为
（常量）	—
安全心理资本	0.882***
R^2	0.778
ΔR^2	0.778
F	1 289.630***

注：***表示 $p<0.001$，R^2 代表复确定系数，F 代表方差分析检验统计量。

由表 5-17 可知，安全心理资本对矿工心理社会安全行为的预测效应模型拟合指数达到了较高水平（$F=1\ 289.630$，$p<0.001$）。进一步地，通过路径系数显著性水平可以看出，安全心理资本对矿工心理社会安全行为具有显著的正向预测作用（$r=0.882$，$p<0.001$），这证实了假设 H3。

5.3.4 安全心理资本的中介效应分析

我们采用 Bootstrap 法检验安全心理资本在工作压力及其各维度与心理社会安全行为之间的中介作用，结果如表 5-18 和表 5-19 所示。

表 5-18 安全心理资本的中介作用检验(1)

变量	安全心理资本				心理社会安全行为			
	Coeff	p	LLCI	ULCI	Coeff	p	LLCI	ULCI
工作压力	−0.867	0.000	−0.942	−0.792	−0.418	0.000	−0.510	−0.325
安全心理资本	—	—	—	—	0.776	0.000	0.694	0.857
工作特征压力	−0.775	0.000	−0.852	−0.698	−0.325	0.000	−0.408	−0.241
安全心理资本	—	—	—	—	0.840	0.000	0.763	0.918

表 5-18(续)

变量	安全心理资本				心理社会安全行为			
	Coeff	p	LLCI	ULCI	Coeff	p	LLCI	ULCI
组织管理压力	−0.831	0.000	−0.904	−0.757	−0.318	0.000	−0.410	−0.226
安全心理资本	—	—	—	—	0.837	0.000	0.753	0.921
工作无奈感	−0.693	0.000	−0.770	−0.615	−0.313	0.000	−0.387	−0.240
安全心理资本	—	—	—	—	0.850	0.000	0.778	0.922

注：Coeff 代表回归系数，p 值代表显著性，LLCI 代表 95% 置信区间的最低值，ULCI 代表 95% 置信区间的最高值。下表同。

表 5-19　安全心理资本的中介作用检验(2)

变量	心理社会安全行为							
	直接作用				间接作用			
	Coeff	p	LLCI	ULCI	Coeff	p	LLCI	ULCI
工作压力	−0.418	0.000	−0.510	−0.325	−0.673	0.000	−0.786	−0.566
工作特征压力	−0.325	0.000	−0.408	−0.241	−0.651	0.000	−0.762	−0.541
组织管理压力	−0.318	0.000	−0.410	−0.226	−0.696	0.000	−0.795	−0.598
工作无奈感	−0.313	0.000	−0.387	−0.240	−0.589	0.000	−0.681	−0.501

由表 5-18 和表 5-19 可以看出，工作压力及其各维度（工作特征压力、组织管理压力、工作无奈感）部分通过安全心理资本间接作用于矿工心理社会安全行为（工作压力效应值为−0.673，95%置信区间为[−0.786，−0.566]；工作特征压力效应值为−0.651，95%置信区间为[−0.762，−0.541]；组织管理压力效应值为−0.696，95%置信区间为[−0.795，−0.598]；工作无奈感效应值为−0.589，95%置信区间为[−0.681，−0.501]）；部分直接作用于矿工心理社会安全行为（工作压力效应值为−0.418，95%置信区间为[−0.510，−0.325]；工作特征压力效应值为−0.325，95%置信区间为[−0.408，−0.241]；组织管理压力效应值为−0.318，95%置信区间为[−0.410，−0.226]；工作无奈感效应值为−0.313，95%置信区间为[−0.387，−0.240]），证明安全心理资本在工作压力和心理社会安全行为之间发挥部分中介作用，这证实了假设 H4、H4a、H4b 和 H4c。

5.3.5　心理社会安全氛围的调节效应分析

5.3.5.1　调节作用检验

我们采用层级回归分析验证心理社会安全氛围在工作压力及其各维度与安

全心理资本之间的调节作用,回归分析结果分别如表 5-20～表 5-23 所示。

表 5-20　心理社会安全氛围在工作压力与安全心理资本之间的调节作用

变量	安全心理资本		
	模型 1	模型 2	模型 3
(常量)	—	—	—
工作压力	−0.802***	−0.472***	−0.453***
心理社会安全氛围	—	0.453***	0.109***
工作压力与心理社会安全氛围	—	—	0.386***
R^2	0.643	0.739	0.750
ΔR^2	0.643	0.097	0.010
F	661.371***	520.414***	365.111***

注:*** 表示 $p<0.001$。R^2代表复确定系数,F 代表方差分析检验统计量。模型 1 表示输入工作压力之后的回归分析结果,模型 2 表示在模型 1 的基础上输入心理社会安全氛围之后的回归分析结果,模型 3 表示在模型 1 和模型 2 的基础上输入工作压力与心理社会安全氛围的交互项之后的回归分析结果。

表 5-21　心理社会安全氛围在工作特征压力与安全心理资本之间的调节作用

变量	安全心理资本		
	模型 1	模型 2	模型 3
(常量)	—	—	—
工作特征压力	−0.755***	−0.409***	−0.378***
心理社会安全氛围	—	0.528***	0.526***
工作特征压力与心理社会安全氛围	—	—	0.122***
R^2	0.571	0.729	0.743
ΔR^2	0.571	0.158	0.014
F	489.016***	493.053***	352.200***

注:*** 表示 $p<0.001$。R^2代表复确定系数,F 代表方差分析检验统计量。模型 1 表示输入工作特征压力后的回归分析结果,模型 2 表示在模型 1 的基础上输入心理社会安全氛围之后的回归分析结果,模型 3 表示在模型 1 和模型 2 的基础上输入工作特征压力与心理社会安全氛围的交互项之后的回归分析结果。

表 5-22　心理社会安全氛围在组织管理压力与安全心理资本之间的调节作用

变量	安全心理资本		
	模型 1	模型 2	模型 3
（常量）	—	—	—
组织管理压力	−0.771***	−0.433***	−0.398***
心理社会安全氛围	—	0.508***	0.517***
组织管理压力与心理社会安全氛围	—	—	0.061*
R^2	0.594	0.738	0.741
ΔR^2	0.594	0.144	0.003
F	539.360***	517.962***	349.301***

注：*** 表示 $p<0.001$，* 表示 $p<0.05$。R^2 代表复确定系数，F 代表方差分析检验统计量。模型 1 表示输入组织管理压力之后的回归分析结果，模型 2 表示在模型 1 的基础上输入心理社会安全氛围之后的回归分析结果，模型 3 表示在模型 1 和模型 2 的基础上输入组织管理压力与心理社会安全氛围的交互项之后的回归分析结果。

表 5-23　心理社会安全氛围在工作无奈感与安全心理资本之间的调节作用

变量	安全心理资本		
	模型 1	模型 2	模型 3
（常量）	—	—	—
工作无奈感	−0.734***	−0.328***	−0.330***
心理社会安全氛围	—	0.557***	0.549***
工作无奈感与心理社会安全氛围	—	—	0.145***
R^2	0.539	0.684	0.705
ΔR^2	0.539	0.145	0.021
F	430.791***	397.705***	291.800***

注：*** 表示 $p<0.001$。R^2 代表复确定系数，F 代表方差分析检验统计量。模型 1 表示输入工作无奈感之后的回归分析结果，模型 2 表示在模型 1 的基础上输入心理社会安全氛围之后的回归分析结果，模型 3 表示在模型 1 和模型 2 的基础上输入工作无奈感与心理社会安全氛围的交互项之后的回归分析结果。

由表 5-20～表 5-23 可知，心理社会安全氛围对工作压力与安全心理资本关系的调节影响效应模型拟合指数达到了较高水平（$F=661.371$，$p<0.001$）。进一步地，通过路径系数及其显著性水平可以看出，工作压力与心理社会安全氛围的交互项（$r=0.386$，$p<0.001$）对矿工安全心理资本具有显著的预测效果。工作压力的各维度与安全心理资本关系的调节影响效应模型拟合指数也达到了

较高水平，且通过路径系数及其显著性水平可以看出，工作特征压力（$r=0.122$，$p<0.001$）、组织管理压力（$r=0.061$，$p<0.001$）、工作无奈感（$r=0.145$，$p<0.001$）与心理社会安全氛围的交互项对矿工安全心理资本具有显著的预测效果。

为了进一步确认心理社会安全氛围在工作压力及其各维度（工作特征压力、组织管理压力、工作无奈感）与安全心理资本的关系间的调节效应是否符合原先的预期，我们根据心理社会安全氛围水平高低进行分组，将得分在一个标准差以上的被试作为心理社会安全氛围高分组，将得分一个标准差以下的被试作为心理社会安全氛围低分组，而后做工作压力及其各维度（工作特征压力、组织管理压力、工作无奈感）对矿工安全心理资本的回归分析，并进行绘图，分别如图 5-1 所示。

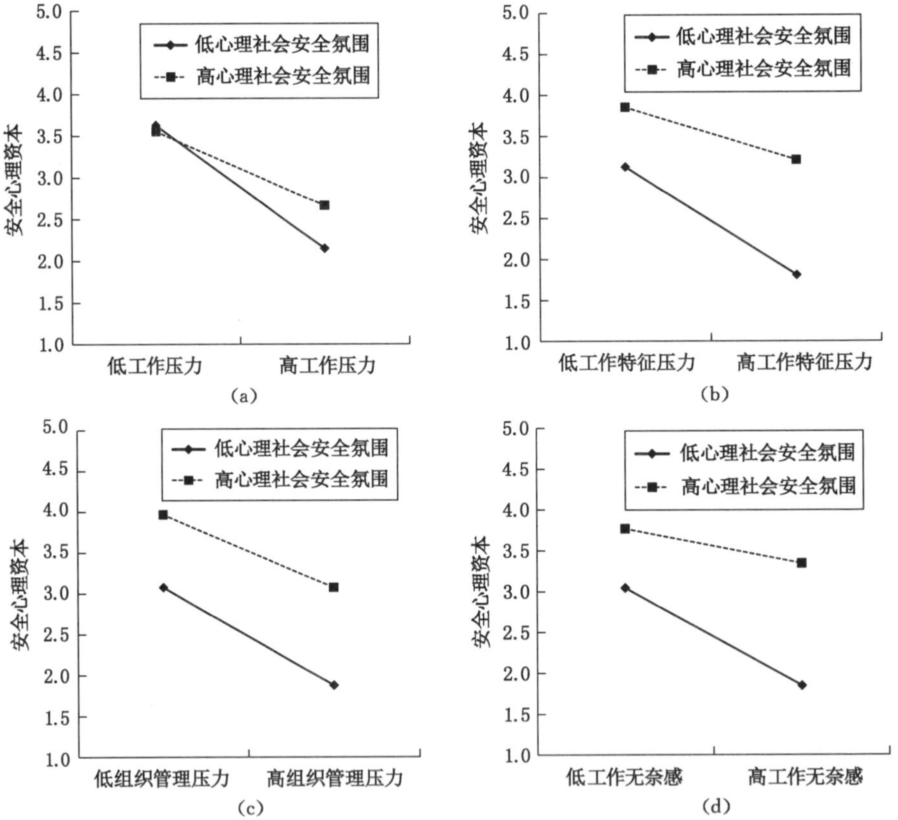

图 5-1　心理社会安全氛围在工作压力及其各维度与安全心理资本之间的调节作用

由图 5-1 可知，与低心理社会安全氛围相比，在高心理社会安全氛围的情境下，工作压力及其各维度（工作特征压力、组织管理压力、工作无奈感）与安全心理资本之间的负向关联性较弱，这与原先的预期相符，因此，假设 H5、H5a、H5b 和 H5c 得到了验证。

5.3.5.2 有调节的中介作用检验

我们运用 Bootstrap 法对被调节的中介效应进行检验，检验结果如表 5-24 所示。

表 5-24 有调节的中介效应检验结果

变量		心理社会安全行为			
心理社会安全氛围		低水平	中水平	高水平	有调节的中介效应
工作压力	*r*	−0.502	−0.338	−0.174	0.201
	SE	0.050	0.044	0.050	0.030
	Boot CI	[−0.603,−0.406]	[−0.426,−0.253]	[−0.274,−0.075]	[0.147,0.262]
工作特征压力	*r*	−0.492	−0.308	−0.124	0.226
	SE	0.052	0.045	0.049	0.029
	Boot CI	[−0.601,−0.394]	[−0.399,−0.225]	[−0.220,−0.030]	[0.171,0.285]
组织管理压力	*r*	−0.463	−0.319	−0.176	0.176
	SE	0.041	0.043	0.056	0.029
	Boot CI	[−0.546,−0.385]	[−0.405,−0.235]	[−0.284,−0.067]	[0.122,0.233]
工作无奈感	*r*	−0.421	−0.241	−0.062	0.220
	SE	0.052	0.043	0.047	0.030
	Boot CI	[−0.531,−0.327]	[−0.332,−0.162]	[−0.157,−0.028]	[0.161,0.281]

注：*r* 表示相关系数，SE 表示标准误差，Boot CI 表示 95%置信区间。

从表 5-24 中可以看出，心理社会安全氛围能够调节工作压力通过安全心理资本对矿工心理社会安全行为的间接作用（工作压力效应值为 0.201，95%置信区间为[0.147，0.262]），也能够调节工作压力各维度（工作特征压力效应值为 0.226，95%置信区间为[0.171，0.285]；组织管理压力效应值为 0.176，95%置信区间为[0.122，0.233]；工作无奈感效应值为 0.220，95%置信区间为[0.161，0.281]）通过安全心理资本对矿工心理社会安全行为的间接作用。当心理社会安全氛围水平较低时，工作压力及其各维度通过安全心理资本影响矿工心理社会安全行为的间接关系显著（工作压力效应值为 −0.502，95%置信区间为[−0.603，−0.406]；工作特征压力效应值为 −0.492，95%置信区间为[−0.601，−0.394]；组织管理压力效应值为 −0.463，95%置信区间为

[－0.546，－0.385]；工作无奈感效应值为－0.421，95％置信区间为[－0.531，－0.327]）。当心理社会安全氛围处于中等水平时，工作压力及其各维度通过安全心理资本影响矿工心理社会安全行为的间接关系显著（工作压力效应值为－0.338，95％置信区间为[－0.426，－0.253]；工作特征压力效应值为－0.308，95％置信区间为[－0.399，－0.225]；组织管理压力效应值为－0.319，95％置信区间为[－0.405，－0.235]；工作无奈感效应值为－0.241，95％置信区间为[－0.332，－0.162]）。当心理社会安全氛围水平较高时，工作压力及其各维度通过安全心理资本影响矿工心理社会安全行为的间接关系显著（工作压力效应值为－0.174，95％置信区间为[－0.274，－0.075]；工作特征压力效应值为－0.124，95％置信区间为[－0.220，－0.030]；组织管理压力效应值为－0.176，95％置信区间为[－0.284，－0.067]；工作无奈感效应值为－0.062，95％置信区间为[－0.157，－0.028]）。随着心理社会安全氛围水平的升高，间接效应值减小，说明心理社会安全氛围水平越高，工作压力通过安全心理资本影响矿工心理社会安全行为的间接效应越弱；反之越强。由以上结果可知假设 H6、H6a、H6b 和 H6c 得到验证。

5.3.6 假设检验结果

通过上文中的回归分析和 Bootstrap 分析，总结所有的假设检验结果如表 5-25 所示。

表 5-25 研究假设检验结果汇总

假设内容	检验结果
H1：工作压力对矿工的心理社会安全行为具有显著的负向影响	成立
H1a：工作特征压力对矿工的心理社会安全行为具有显著的负向影响	成立
H1b：组织管理压力对矿工的心理社会安全行为具有显著的负向影响	成立
H1c：工作无奈感对矿工的心理社会安全行为具有显著的负向影响	成立
H2：工作压力对矿工的安全心理资本具有显著的负向影响	成立
H2a：工作特征压力对矿工的安全心理资本具有显著的负向影响	成立
H2b：组织管理压力对矿工的安全心理资本具有显著的负向影响	成立
H2c：工作无奈感对矿工的安全心理资本具有显著的负向影响	不成立
H3：安全心理资本对矿工的心理社会安全行为具有显著的正向影响	成立
H4：安全心理资本在工作压力与矿工心理社会安全行为的关系中起中介作用	成立
H4a：安全心理资本在工作特征压力与矿工心理社会安全行为的关系中起中介作用	成立（部分中介作用）

表 5-25(续)

假设内容	检验结果
H4b:安全心理资本在组织管理压力与矿工心理社会安全行为的关系中起中介作用	成立（部分中介作用）
H4c:安全心理资本在工作无奈感与矿工心理社会安全行为的关系中起中介作用	成立（部分中介作用）
H5:心理社会安全氛围在工作压力与安全心理资本的关系间起调节作用	成立
H5a:心理社会安全氛围在工作特征压力与安全心理资本的关系间起调节作用	成立
H5b:心理社会安全氛围在组织管理压力与安全心理资本的关系间起调节作用	成立
H5c:心理社会安全氛围在工作无奈感与安全心理资本的关系间起调节作用	成立
H6:心理社会安全氛围在工作压力与矿工心理社会安全行为的间接关系间起调节作用	成立
H6a:心理社会安全氛围在工作特征压力与矿工心理社会安全行为的间接关系间起调节作用	成立
H6b:心理社会安全氛围在组织管理压力与矿工心理社会安全行为的间接关系间起调节作用	成立
H6c:心理社会安全氛围在工作无奈感与矿工心理社会安全行为的间接关系间起调节作用	成立

5.4　结果讨论分析

5.4.1　工作压力对矿工心理社会安全行为影响的机制模型

基于以上分析可知，煤矿工人的工作压力及其各维度对其心理社会安全行为有显著的负向影响；安全心理资本在煤矿工人工作压力对其心理社会安全行为的影响过程中发挥中介作用；心理社会安全氛围在工作压力对矿工心理社会安全行为的影响过程中发挥调节作用，既调节了工作压力对心理社会安全行为的影响，也调节了安全心理资本在工作压力对心理社会安全行为影响过程中的中介作用。工作压力对矿工心理社会安全行为影响的机制模型如图 5-2 所示。

5.4.2　控制变量的影响分析

我们采用单因素方差分析方法，分析了各控制变量对矿工安全心理资本和心理社会安全行为水平的差异化影响。

通过差异化分析结果可以得出，不同年龄的矿工，其安全心理资本和心理社

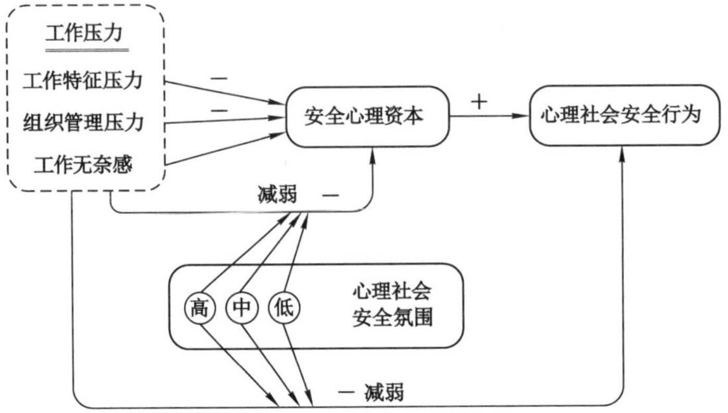

图 5-2　工作压力对矿工心理社会安全行为的影响模型

会安全行为存在显著的差异，其中 41～50 岁矿工的安全心理资本水平和心理社会安全行为水平较高，30 岁及以下矿工的安全心理资本水平和心理社会安全行为水平较低，说明年龄较大的煤矿工人由于工作经历和处事经历较丰富，具有较高的安全心理资本水平和心理社会安全行为水平。不同婚姻状况的矿工，具有显著不同的安全心理资本状态和心理社会安全行为水平。对比发现，已婚矿工的安全心理资本和心理社会安全行为水平较高，而未婚状态和其他状态（比如离婚）矿工的安全心理资本和心理社会安全行为水平较低，说明良好的婚姻状况、家庭氛围有助于矿工心理状态的改善和心理安全行为水平的提高。不同文化程度的矿工，具有显著不同的安全心理资本状态和心理社会安全行为水平。对比发现，大专及以上文化程度水平的矿工，具有较高的安全心理资本和心理社会安全行为水平，说明较高程度的文化水平可以有效改善矿工的安全心理资本状态和心理社会安全行为水平。

5.4.3　工作压力对矿工心理社会安全行为影响的主效应分析

我们采用层次回归分析方法检验了工作压力对矿工心理社会安全行为的直接影响，检验结果证实了假设 H1、H1a、H1b 和 H1c，即矿工的工作压力显著负向影响其心理社会安全行为水平。因此，煤矿工人面临的工作压力不利于其心理安全操作行为的实施。

工作压力的各维度，即工作特征压力、组织管理压力和工作无奈感均显著负向影响矿工的心理社会安全行为。其中，工作特征压力对矿工心理社会安全行为的回归系数为－0.262，组织管理压力压力对矿工心理社会安全行为的回归系数为－0.380，工作无奈感压力对矿工心理社会安全行为的回归系数为－0.209，且均在 $p<0.001$ 水平下显著。

煤矿工人面临的组织管理压力对其心理社会安全行为的直接影响效应最大。组织管理方面的组织支持、领导风格和安全管理方式等都会对矿工的心理社会安全行为产生影响。较高的组织支持度、友好的领导风格以及严格、规范、合理的安全管理方式可以有效缓解矿工的心理压力，进而提升矿工的安全行为水平。由于煤矿井下作业环境的特殊性和封闭性，煤矿工人所面临的工作特征压力也是不容忽视的。面对特殊的工作环境以及较大的工作负荷，加上较大的体力消耗以及长时间的工作，矿工产生不安全行为的可能较大。工作无奈感与矿工的个体心理因素具有密切联系，所以其对矿工安全行为的操作水平也具有显著的影响。工作无奈感包括控制感和角色冲突两方面。煤矿工人作为最基层的一线工作者，在工作中往往缺乏工作自主权，当与领导或者上级管理者发生冲突或者矛盾时，更多的处理结果是矿工要服从领导，长时间或者多次的心理屈服使矿工容易产生疲劳感和心理压力，从而更容易发生不安全操作行为。

通过以上分析可知，矿工的工作压力会对其心理社会安全行为水平造成严重阻碍。因此，改善组织的支持水平、管理水平、领导风格、安全作业环境以及提升矿工的工作自主权等，可以有效缓解矿工面临的工作压力，提升矿工的心理社会安全行为水平，进而对减少煤矿事故，保障煤矿安全生产。

5.4.4　矿工安全心理资本的中介效应分析

我们采用 Bootstrap 法检验在工作压力及其各维度与心理社会安全行为的关系间，安全心理资本所发挥的中介作用。

工作压力对安全心理资本影响的研究表明，煤矿工人的工作特征压力、组织管理压力均在 $p<0.001$ 的显著水平下负向影响矿工的安全心理资本，其标准化路径系数分别为：-0.239、-0.492；工作无奈感不能显著的负向影响安全心理资本（$r=-0.078$，$p<0.05$）。煤矿工人的工作压力对安全心理资本的负向影响效应由大到小排序为：组织管理压力、工作特征压力。可见，来自组织层面的管理水平和管理方式等对矿工的安全心理状态的影响最大，说明在煤矿企业中组织领导作用的重要性。

安全心理资本对矿工心理社会安全行为影响的研究表明，安全心理资本在 $p<0.001$ 的显著水平下负向影响矿工的心理社会安全行为，其标准化路径系数为 0.882。可见，良好的安全心理资本可以有效提升矿工的心理社会安全行为水平。

同时，安全心理资本的中介效应检验结果表明，安全心理资本在工作压力对矿工心理社会安全行为的负向影响关系中发挥部分中介作用。也就是说，一方面，工作压力对矿工心理社会安全行为产生直接影响；另一方面，工作压力也通过安全心理资本对心理社会安全行为产生间接影响。矿工在较强的工作压力下，为了缓解心理和生理上的压力，往往会采取违规操作的方式，这会直接降低其心理社会安全行为水平。但是，如果矿工具有较高的安全心理资本水平，即具有较强的自信心、自我效能感、自我调节能力等，则会有效缓解其心理压力，进而有效改善其心理社会安全行为水平。

5.4.5 组织心理社会安全氛围的调节效应分析

我们采用层级回归分析和 Bootstrap 法对心理社会安全氛围在工作压力与心理社会安全行为影响中的调节作用进行了检验。检验主要分为两个部分，其一是对心理社会安全氛围在工作压力对安全心理资本的直接影响的调节效应进行检验；其二是对心理社会安全氛围在安全心理资本对工作压力影响心理社会安全行为的中介过程中所起的调节效应进行检验。

心理社会安全氛围调节工作压力对安全心理资本直接影响的结果表明，心理社会安全氛围调节了工作压力对安全心理资本的影响，即减弱了工作压力对安全心理资本的负向影响，对缓解矿工的工作压力、改善矿工的安全心理资本具有积极作用。

心理社会安全氛围调节安全心理资本在工作压力对心理社会安全行为影响的中介效应的结果表明，心理社会安全氛围调节了安全心理资本在工作压力对心理社会安全行为的中介作用，心理社会安全氛围的高、中、低三种倾向水平均会减弱工作压力对心理社会安全行为的间接负向影响，即均会减弱安全心理资本的中介作用，这对缓解矿工的工作压力，改善其安全心理资本，进而提升其心理社会安全行为水平具有积极作用。

以上分析结果表明，当矿工面临较强的工作压力时，对组织的心理社会安全氛围水平感知较高的矿工，会较大地提高其安全心理资本水平，进而会较大地提升其心理社会安全行为水平。这是因为，组织对员工安全的重视程度决定了员工对组织的回报程度，组织越重视员工的安全，员工采取安全行为的水平就越高。

5.5 小结

基于前文构建的理论模型、问卷设计与数据收集，本章对工作压力对矿工心理社会安全行为的影响机理相关研究假设进行了实证检验。首先，对矿工的工作压力和心理社会安全行为等进行描述性统计分析，并总结各变量在个体间的差异性特征；其次，分析各变量之间的相关关系；再次，对工作压力、安全心理资本和心理社会安全氛围对矿工心理社会安全行为的直接驱动效应进行分析，并依次检验安全心理资本的中介作用以及心理社会安全氛围的调节作用；最后，对各项检验结果结合煤矿实际情况进行讨论分析，为进一步提出相关管理建议提供理论支撑。

第 6 章　矿工不安全行为主题挖掘和语义分析

通过分析矿工不安全行为管理问题及数据来源，明确了矿工不安全行为数据的类型、形态以及特征。本章针对矿工不安全行为提出一个更为合理的数据挖掘与分析的方法，通过 LDA 主题挖掘模型从矿工不安全行为记录中辨析具有代表性的矿工不安全行为主题，并使用 UCINET 和语义网络分析，探究关键词之间的潜在关联关系，实现对矿工不安全行为历史数据的深层次分析，以期为提高煤矿从业人员管理效率和完善安全管理制度提供支持。

6.1　矿工不安全行为管理问题及数据来源

6.1.1　矿工不安全行为管理问题

隐藏的安全问题若没有被及时发现和处理，将会带来巨大经济损失与伤亡。据海因里希创立的“事故金字塔”原则，在 330 多件同一意外事件中，约有 300 件尚未形成伤亡，29 件已形成轻微损伤，1 件已形成致死或伤害，另外还有大量的不安全情况和不安全状态存在。根据“事件金字塔”原则，提出安全事故分级，构建“伤害金字塔”，如图 6-1 所示。按照“事故金字塔”理论，在特定时间内的工人致死、重伤、轻伤、轻微伤害事件以及不安全行为、不安全状况这五个方面之间存在着较为平衡的比率关系。因此，为控制工伤事故发生率，就必须从严格预防和监控矿工不安全行为入手，以尽量减少对人和人的行为隐患的管理漏洞。所以，要降低煤矿安全事故的发生率，安全关口应该前移。为防止重大伤亡和险兆发生，应该挖掘并分析矿工不安全行为的潜在威胁，提高对日常矿工不安全行为的预控力度，从而降低煤矿事故的发生概率。

6.1.2　矿工不安全行为数据采集

为保证矿工不安全行为数据挖掘与分析的科学性和有效性，正确可靠的数据来源十分重要。我们将矿工不安全行为知识与可视化的基本数据来源分为两

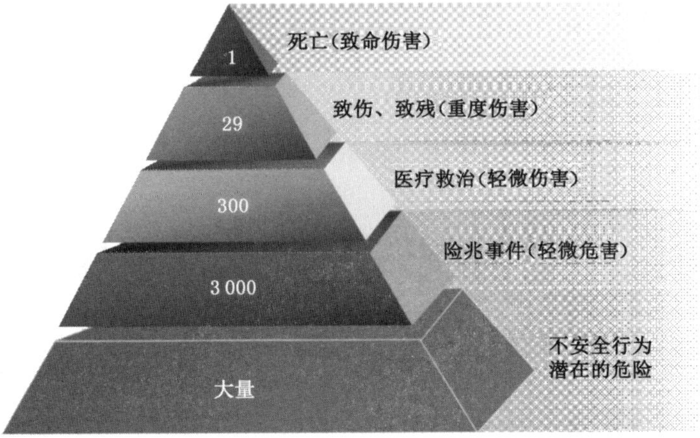

图 6-1　伤害金字塔

个部分:一是经过隐患排除、治安巡查、安全管理等专项检测手段收集的、经过人工录入信息系统的安全性数据信息;二是国家安全性管理、煤炭行业、地方煤矿企业等不同层次制定的法律法规、规章制度、安全规程、作业规范等文本型数据信息。国家煤矿企业安全管理数据信息收集的主要数据来源包括以下几个方面。

6.1.2.1　人工录入

利用数字矿井和体验式矿山建设可以实现对人、设施、环境等的即时感知,但由于目前还未能实现人-物相连,且安全监测监控系统还面临着不少盲点,以及大部分的安全数据都没法被自动感知,所以煤矿企业可以利用每日的隐患排查、每月的安全生产巡检、季度的生产大检测,对存在的安全隐患和风险源进行辨识,这也是对安全监测监控系统手动认知功能的重要补充。而对于在隐患排查、安全生产巡检、平安生产大专项检测中发现的安全问题,也基本是由人工录入到安全系统中,最后产生了大规模的非结构化或半结构化的安全生产问题记录。因此,为挖掘分析日常管理过程中产生的半结构化矿工不安全行为数据,本书选择陕西省某大型煤矿集团人工录入的矿工不安全行为管控表作为数据来源。

6.1.2.2　法规文件

因煤炭行业的特殊性,本书引入我国煤炭行业专有法规文件,以提高数据挖掘分析的专业性。我国颁布施行了《中华人民共和国煤炭法》《煤矿安全规程》《煤矿安全监察条例》等系列法律法规,通过对政策性规定的外在强制性监督,规控了企业履行安全性产品的主体责任,使产品事故风险与成本内部变化。也因此，我国煤矿企业为减少安全性经营风险、规范安全生产活动，制定了各种内部安全规章制度，并利用外部的安全性法律法规与企业内部的安全管理规章，共同制约与规范了企业的安全性产品及组织活动。

6.1.3　矿工不安全行为数据类型

数据类型可划分为三类：结构化数据、非结构化数据以及半结构化数据。近年来，我国煤矿企业处于向智慧化转型的阶段，导致矿工不安全行为相关数据体量庞大且结构复杂，因此多数情况下数据被存储为多源异构的半结构化数据。

6.1.3.1　结构化数据

结构化数据是定义良好的表格数据，由行和列表示，多数为数值型数据。矿工不安全行为结构化数据是指利用数字进行量的表示，与矿工行为密切相关，并且可以利用相应的数据分析方法直接进行处理的数据。例如，在煤矿生产过程中常见的煤矿事故数、事故死亡人数、百万吨死亡率、隐患整改情况、矿工不安全行为预警等级和风险等级等数据。结构化数据是最常用的数据，可以直接处理和分析，从而可以提高矿工不安全行为数据分析的效率。

6.1.3.2　非结构化数据

非结构化数据是数据的最原始形式，如文本、图像、声音、视频等。非结构化数据无法直接进行处理和分析，需要从抽象内容中提取出结构化特性，进而得出有价值的信息和知识。目前，在煤矿企业中包含有大量的非结构化数据，包括煤矿生产法规文件、企业安全文化手册和宣传标语、矿工不安全行为详细描述等文本型数据，矿图、事故现场照片和隐患照片等图像数据，以及一些通信录音和监控录像等数据。

6.1.3.3　半结构化数据

半结构化数据介于非结构化数据和结构化数据之间，即同时包含结构化和非结构化两种数据类型。半结构化的矿工不安全行为数据呈现出多源异构的特点，在适用于固定结构模式的数据库存储的情况下，存在非关系模型的文本型数据。该类数据的文本挖掘的方法包括特征提取、文本分类和文本聚类等。在处理文本型矿工不安全行为数据时，需对大量文本进行分词和赋权，通过对不同文本间赋权词进行聚类，进而提取出不同的主题分类。文本型数据在煤矿生产过程中占比较大，但还未形成完善的文本挖掘体系，因此文本型矿工不安全行为数据需要更深层次的挖掘和分析。

6.1.4　矿工不安全行为数据形态

矿工不安全行为数据形态包括静态数据和动态数据两类。

6.1.4.1　静态数据

静态数据是指在矿工不安全行为数据分析过程中主要作为控制或参考的数

据，一般不随分析进程而改变，且长时间不会发生改动。矿工不安全行为数据中存在许多静态数据，例如安全事故数据、风险等级数据、隐患处理数据等。

6.1.4.2 动态数据

动态数据是指随某一变量变化而改变的连续型数据。矿工不安全行为数据中的动态数据大多来自与不安全行为相关的设备、环境监测实时数据，主要包括井下人员定位数据、车辆运行轨迹数据，以及煤矿生产设备运行日志数据等。我们将时间维度和空间维度作为自变量，分析矿工不安全行为的演变规律，达到预测矿工不安全行为的目的，从而实现对矿工不安全行为的预控。

表 6-1 矿工不安全行为数据形态的划分

静态数据	动态数据
矿工个人基本信息、风险等级、安全隐患、预警等级、安全管理制度、安全培训情况等	人员定位数据、车辆运行轨迹数据、安全考勤数据、安全巡检数据等

6.1.5 矿工不安全行为数据特征

从上述分析可以得出，区别于针对结构化数据的传统数理统计分析，基于文本挖掘的矿工不安全行为数据挖掘与分析在思路和方法上都有许多不同，表 6-2 从 9 个方面分析了矿工不安全行为数据特征。

表 6-2 矿工不安全行为数据与传统结构化数据的区别

序号	特征	矿工不安全行为数据	传统结构化数据
1	数据类型	半结构化	结构化
2	数据关联关系	注重关联性	注重因果性
3	数据收集方式	以数据库为主	以人工收集为主
4	数据收集成本	较低	较高
5	数据样本容量	全样本数据	代表性样本数据
6	数据形态	动静结合	以静态为主
7	数据处理方法	文本挖掘、数据挖掘	概率与数理统计
8	研究思路	先挖掘后验证	先假设后验证
9	研究特点	全面性、客观性	针对性、推断性

从数据角度出发，矿工不安全行为数据和传统结构化数据在数据类型、数据关联关系、数据收集方式、数据收集成本、数据样本容量 5 个方面都存在不同。首先矿工不安全行为数据类型是半结构化数据，由多种不同结构的数据组成，而

传统结构化数据类型主要以结构化数据为主。其次,矿工不安全行为数据更注重数据间的关联关系,而传统结构化数据更注重数据间的因果关系。矿工不安全行为的数据前期建设成本比传统结构化数据高,但平均收集成本往往更低。矿工不安全行为数据收集方式以数据库采集为主、人工录入为辅,而传统结构化数据的收集方式往往以人工收集为主。在数据样本容量方面,矿工不安全行为数据分析采用的是全样本数据,而传统结构化数据则会选择有代表性的数据,从而减少模型的复杂度。

从研究方法出发,矿工不安全行为数据的分析基于文本挖掘并结合数据挖掘的研究方法,能全面、客观地得到研究结果;传统结构化数据主要采用概率论与数理统计的方法,对研究目标的针对性和推断性等特点进行研究。

在研究思路上面,矿工不安全行为数据在明确安全问题后,收集数据并进行挖掘和分析,而后将结果与目标进行比较,对结果进行验证。传统结构化数据的思路主要在明确安全问题后,先进行假设研究,然后构建理论模型,利用得到的结果与假设进行比较,并对结果进行验证。

6.2　矿工不安全行为主题挖掘

6.2.1　主题挖掘模型及流程

针对可持续性发展的文本式矿工不安全行为相关数据,以及怎样在这庞杂的不安全行为记录中,进一步挖掘出具有历史特性的矿工不安全行为主题,用以分析矿工不安全行为管控欠佳的深层原因,可以实现对历史不安全行为数据的利用最大化。鉴于此,本书将使用主题挖掘算法实现对矿工不安全行为的主题数据挖掘。

6.2.1.1　主题挖掘算法概述

目前,国内研究者已在各个方面围绕着文本挖掘的方向展开了探索,包括对主题挖掘的探索,根据各种需求设计的主题挖掘算法不断涌现,并不断获得完善与扩展。

传统的文字主体发掘计算把非结构数据视为向量空间中的一个点,并利用 VSM 方法完成空间映射,而后利用传统的聚类算法完成文字聚合。这一类计算具有突出的缺点:① 它主要依赖于对文字间距离的计算,而海量文字信息的间距则很难界定;② 计算中不包含语义信息,不利于人类认知。LSA 是由 Deerwester 等人建立的一种采用矩阵建模的发掘文字主体的新型方法,它通过使用 SVD 的降维方式来发现文字的潜在语义结构。而根据 Landauer 等的研究成果,当这个语义空间的维度与人们语义认知的维度很接近时,LSA 的计算更易于被人们认知。但是,LSA无法解决"一词多义"的实际问题,而且运算的复杂性也较高。基于概率建模的主题挖掘算法中,最具有标志性的是PLSA和LDA。PLSA是由Hofmann公司在LSA的基础上提供的,采用最大似然法和产生式建模的机率建模。PLSA一般使用EM算法对模型问题加以求解。不过,PLSA并不能直接在文档层提供机率建模,易形成过度建模的拟合问题。

LDA模式是目前在文献数据挖掘方面使用最为普遍的主题模式,是对PLSA模式的推广。LDA模式相较于LSA和PLSA等模式,具有较明显的优势:① 该模式为完全概率的模式,可通过简单有效的推理方法实现运算;② 该模式的训练参数规模与训练文件的大小无关,更有利于分析大规模语料库问题;③ 对于语言组织较差、生词较多的网络文学,LDA具有较高的自适应性,计算相对准确;④ 该模式的主题模式与训练参数并无直接关系,这可以使结论更为精确。LDA模式的不足之处主要是,在非常态分布情况下或数据量较少的情形下,计算准确性较低。三种最有代表性的主题挖掘方法优缺点比较如表6-3所示。

表 6-3　主题挖掘算法优缺点对比

算法	优点	缺点
LSA	相比于传统的主题发掘算法,LSA引进了文本语义维度,使用SVD的降维方式发现了文本的潜在语义架构	无法解决"一词多义"问题,即SVD中涉及的矩阵运算;计算复杂性也较高
PLSA	PLSA采用EM算法对模型问题进行求解,运算复杂性远低于SVD算法,在性能和处理大量信息上都优于LSA	待估参数的总量伴随语料库的增加呈直线上升,易发生过度拟合问题
LDA	LDA模型为全概率的模型,拥有清晰的内部构造,适于分析的大型语料库	在非常态分布状态下或数据量较小的状态下,计算准确性较低

通过对LDA主题建模特性的分析表明,由于LDA主题建模泛化能力较强,适于处理大量语料库,对语句组合规范性较差、由专业词汇大量产生的文本数据也存在着相对较大的统计准确率,所以选用LDA主题建模对文本型矿工的不安全行为记录进行主题挖掘是比较合理的。

6.2.1.2　LDA主题模型

LDA主题建模是一个基于概率的、可以获取大量文本中隐含主题信息的非监督学习模式。在基于概率模型的主题发掘研究中,对使用LDA模式实现主题挖掘有较强的辨识力。该模型把文本类数据看作由文本内容、主题和特征词构成的三层贝叶斯概率结构，其拓扑构造如图 6-2 所示。

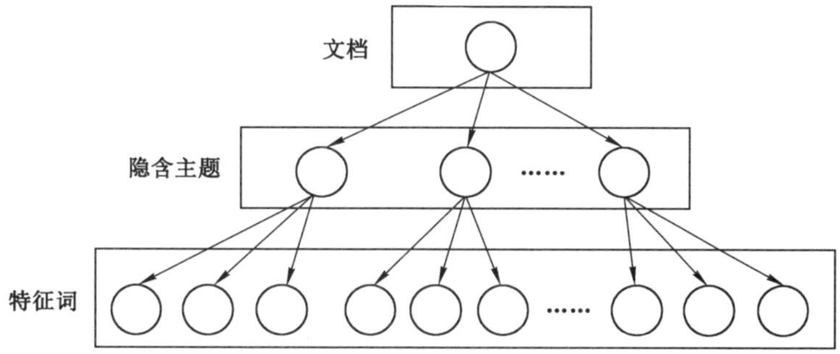

图 6-2　LDA 主题模型的拓扑构造

LDA 模式是 Blei 等提供的一个文档主体的生成模式，可以认识在大规模语料库中所隐藏的主体信息内容。LDA 主题模型结构如图 6-3 所示。

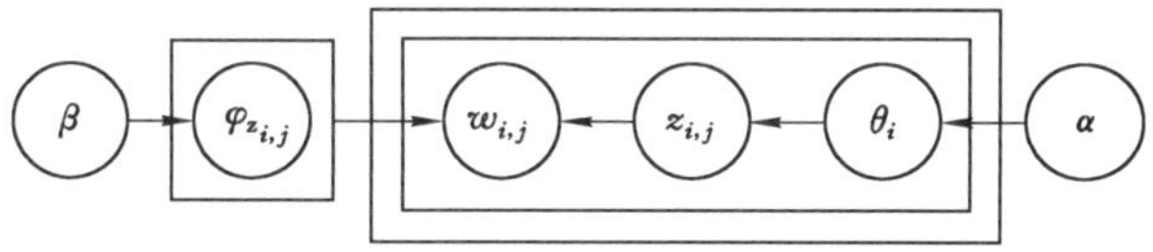

图 6-3　LDA 主题模型结构

LDA 主题模型具体的数学化描述如下：α 为 θ_i 的先验分布；θ_i 为文本 i 的主题布局；$z_{i,j}$ 为从 θ_i 中取样形成文本 i 的第 j 个词的主题；$w_{i,j}$ 为最终产生的第 i 个文本的第 j 个词语；$\varphi_{z_{i,j}}$ 为词分配；β 为词分布的先验分布；J_i 为文本 i 中的词总数；共有 I 个文本（$j \in [1, J_i], i \in [1, I]$）。

6.2.1.3　主题挖掘流程

矿工不安全行为主题挖掘，首先要对已获取的文本型矿工不安全行为记录进行清洗和分词处理，之后进行词频运算分析，接着经 TF-IDF 算法加权，再通过 Gibbs 抽样对 LDA 主题模型参数加以估算，并且通过十折交叉试验将参数引入主题挖掘模型中加以运算，最终于得到主题的聚类结论。具体流程如图 6-4 所示。

6.2.2　数据来源与处理

6.2.2.1　数据来源

我们选取陕西省某大型煤矿集团所累积的不安全行为管控表作为数据源，整理汇总得到 44 069 条不安全行为数据。该数据包括矿工不安全行为详细描述、风险等级、预警等级、班次和考核日期等字段，部分不安全行为记录如表 6-4 所示。

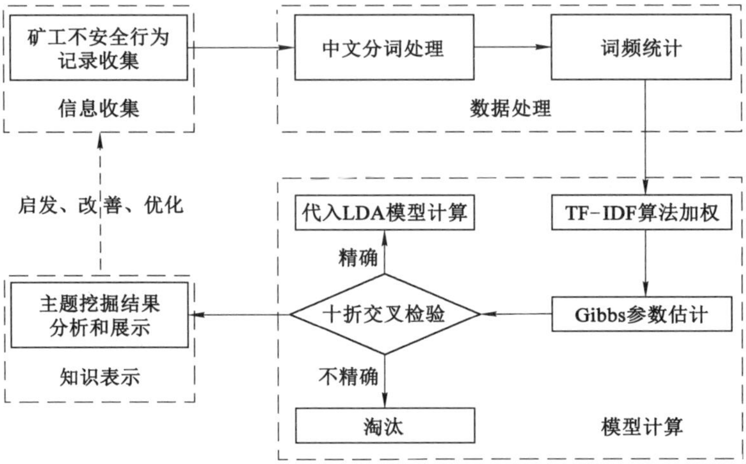

图 6-4 矿工不安全行为主题挖掘流程

表 6-4 部分不安全行为管控表

矿工不安全行为详细描述	整改情况	风险等级	预警等级	班次	检查单位	考核日期
临时停车加水时未熄火，人员便离开驾驶室	已整改	一般	低警	16 点班	生产调度中心	2021-10-31
未按检修程序进行工作	已整改	一般	轻警	8 点班	连采六队	2020-05-22
未及时处理片帮、顶板鳞皮	已整改	中等	中警	8 点班	调度指挥中心	2019-12-21
未参加中班班前会上岗	已整改	一般	无警	16 点班	机电队	2018-02-13
4 号中央水泵房岗位工精神恍惚、疲劳上岗	已整改	一般	巨警	8 点班	机电队	2017-11-28

6.2.2.2 数据预处理

数据预处理是数据挖掘必不可少的环节，与主题聚类的准确性和有效性直接相关。因此，要建立专业词汇语料库，以使挖掘过程的分词、去除停用词的每步操作都保证最优。

(1) 建立专业词库。

由于煤矿安全领域和行为安全领域有诸多的特有专业名词，为避免通用类切词方法将专业词汇分割开，本书结合煤矿生产实际情况，根据《煤矿安全规程》《中华人民共和国煤炭法》《煤矿安全监察条例》等安全管理法律法规，建立矿工不安全行为主题挖掘专业词库，如表 6-5 所示。专业词库作为辅助字典，进一步提高了矿工不安全行为主题挖掘结果的准确性。

表 6-5　矿工不安全行为主题挖掘专业词库(部分)

类别	词汇
防护用品	安全帽、安全带、防护眼镜、手套、防尘口罩……
部门	区队、车间、班组、综采、连采、维修、地测……
地点	工作面、机头、皮带、井下、活井、大巷、运巷……
其他	安全意识、注意力、风险、分散、预案……

(2) 中文分词。

分词旨在将连续的字符串转换成词。中文分词是提取中文文本信息过程中至关重要的一步。不同于英文文本,中文文本字符间不存在分隔符,所以在进行文本挖掘时需要进行分词处理。我们采用 Python 切词工具对文本进行分词处理,选取数据源中的“矿工不安全行为详细描述”作为研究对象,提取每个文档前 100 个最大 TF-IDF 词,部分分词结果如图 6-5 所示。

```
# 提取 每个文档前 100个最大tfidf词
tf_words = data1.tf_word.tolist()
nice_word = []
for j,i in enumerate(tfidf_train.toarray()):
    tmp={}
    for m,n in enumerate(i):
        tmp[m] = n
    tmp= sorted(tmp.items(),key=lambda x:x[1],reverse=True)[:
    tmp_w = []
    for mn in tmp:
        tmp_w.append(id2word[mn[0]])
    bk=[]
    for k in tf_words[j].split(" "):
        if k in tmp_w:
            bk.append(k)
    nice_word.append(" ".join(bk))

nice_word
```

```
['临时 停车 加水 熄火 人员 离开 驾驶室',
 '检修 程序 工作',
 '及时处理 片帮 顶板 鳞皮',
 '参加 班前会 上岗',
 '中央 水泵房 岗位 工早 点班 精神恍惚 疲劳 上岗',
 '作业 人员 离岗 睡觉',
 '人员 私自 拆除 防护装置 设施',
 '安全帽 带松',
 '设备 行走 时多人 指挥',
 '铲车 司机 离开 驾驶室 停机 闭锁 上锁',
 '破碎机 停电 闭锁 开关 停电',
 '不系 安全帽 安全帽 带松',
 '安全帽 带未 系紧',
 '作业 人员 随身携带 资格证 上岗',
 '未系 安全帽',
 '支模 人员 中心 反光 黄色 马甲',
 '井下 工作 工作人员 躲避 巷道 行驶 车辆 人员 伤害',
 '司机 离开 驾驶室 未取 钥匙 未拉 手刹',
 '12 31 连采 五队 三盘 区北翼 辅运 大巷 风机 计划 停风',
```

图 6-5　部分分词结果

(3) 去停用词。

我们通过剔除噪声词来提高主题挖掘精度。在矿工不安全行为记录中，存在一些对结果没有帮助的词或标点符号，如矿工姓名、具体时间等，为保证主题挖掘精度，必须将这些词去掉，如表 6-6 所示。

表 6-6　矿工不安全行为主题挖掘停用词库(部分)

类别	停用词(部分)
中文类	的、地、是、等、之、和、也、吗、吧、被、当、及、了、并、或、与、而、才、尔、从、还、此、时、其实……
符号类	"！""？""，""。""；""：""①""《"、"》""@""%""～""——""("、")"……

6.2.3　主题模型计算及结果

6.2.3.1　确定最优主题数

使用 LDA 主题模型进行文本挖掘时，如何科学地确定主题数 K 是研究的关键。本书采用 Perplexity(困惑度)来确定 LDA 主题模型的最优主题数。困惑度公式如式 6-1。

$$Perplexity = \exp\left\{-\frac{\sum_{i=1}^{I}\log p(w_i)}{\sum_{i=1}^{I}J_i}\right\} \tag{6-1}$$

式中　I ——文本数量；

w_i ——文档 i 中的可观测单词序列；

J_i ——文档 i 的单词数目。

困惑度能够表示 LDA 主题模型预测样本的准确度，预测准确度随困惑度的减小而提高。然而，过多的主题却会导致模型过拟合，形成多对多的问题。本书中困惑度随主题数目的变化趋势如图 6-6 所示。通过实验排除干扰主题，得到当 $K=12$ 时模型效果最优，并确定最终挖掘出 12 个矿工不安全行为相关主题。

6.2.3.2　主题提取结果

经过数据预处理、模型构建、困惑度计算、Gibbs 抽样等计算，主题提取结果如表 6-7 所示。因"矿工不安全行为详细描述"大部分文本较短，本书选择挖掘每个主题中排名前十的主题词。

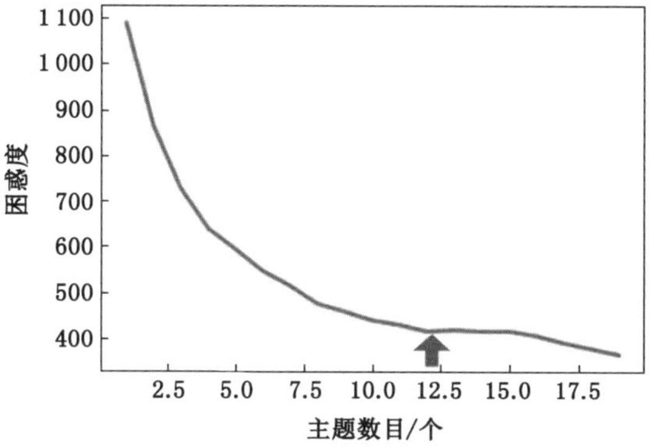

图 6-6　困惑度随主题数目的变化趋势

表 6-7　矿工不安全行为主题提取结果

主题编号	主题-主题词									
主题 1	安全带	高空作业	大巷	升井	不系	未系	辅运	活井	提前	行车
主题 2	未戴	此人	防护眼镜	佩戴	逆行	车间	失效	神车	人员	机电
主题 3	井下	安全帽	联巷	回顺	私自	员工	摘掉	皮带机	睡觉	施工
主题 4	入井	携带	班长	吸烟	口罩	检测	完好	车速	便携式	甲烷
主题 5	冲洗	电缆	检查	用水	带班	煤机	作业	制止	装载机	指挥
主题 6	班前会	迟到	参加	早班	上岗	夜班	年月日	上班	防水	二班
主题 7	安全帽	不系	工作面	支护	迟到早退	作业	锚杆	时不系	问顶	员工
主题 8	作业	神号	入井	现场	帽带	清理	人员	开车	井口	检查
主题 9	岗位	机头	脱岗	皮带	睡觉	胶运	顺槽	胶带机	机尾	串岗
主题 10	上岗	作业	疲劳	精神恍惚	人员	工作	资格证	员工	随身携带	水巷
主题 11	车辆	驾驶	交接班	驾驶室	熄火	停车	司机	行走	工作服	大巷
主题 12	作业	危险源	辨识	检修	支架	人员	合格	区域	工作人员	设备

根据“主题-主题词”归纳总结其内涵，比如主题 1 的主题词包括“安全带”“未系”“不系”等，对应主题内涵可总结为“不系安全带”；主题 4 的主题词包括“入井”“携带”“吸烟”“甲烷”等，对应主题内涵可总结为“入井携带违规物品”；主题 11 的主题词包括“车辆”“驾驶”“熄火”“停车”等，对应主题内涵可总结为“驾驶车辆不合规范”；主题 12 的主题词包括“作业”“危险源”“辨识”“检修”“人员”等，对应主题内涵可总结为“作业前不进行检修和危险源辨识”。

在此基础上，本书进一步根据12个主题及其内涵，结合《企业职工伤亡事故分类》(GB 6441—86)、《煤矿安全规程》以及该煤矿企业规定的“三违”管理制度等法律法规，将主题分为忽视个人防护、忽视管理条例、违法违规操作、忽视作业流程和分散注意力5类，主题内涵及类型如表6-8所示。

表6-8 矿工不安全行为主题内涵及类型

主题编号	主题内涵	主题类型
主题1	不系安全带	忽视个人防护
主题2	未戴防护眼镜	忽视个人防护
主题3	私自摘掉安全帽	忽视个人防护
主题4	入井携带违规物品	忽视管理条例
主题5	用水冲洗电气设备	违法违规操作
主题6	参加班会迟到	忽视管理条例
主题7	不系安全帽	忽视个人防护
主题8	作业后未及时清理现场	忽视作业流程
主题9	工作时串岗、脱岗、睡觉	分散注意力
主题10	疲劳作业	分散注意力
主题11	驾驶车辆不合规范	违法违规操作
主题12	作业前不进行检修和危险源辨识	忽视作业流程

通过实地调研发现，12个矿工不安全行为主题和5类主题类型比较好地反映了该煤矿企业积累的主要矿工不安全行为问题。验证LDA主题模型挖掘、分析文本型不安全行为记录，获取的不安全行为主题对不安全行为预控和煤矿从业人员管理具有重要作用，在未来研究中对矿工不安全行为归类方法提供了新思路。

6.3 矿工不安全行为语义分析

6.3.1 语义网络概念

语义网络是1968年Quilian在深入研究人们思考记忆时发现。1970年，Simon正式明确提出语义网络的定义。语义网络是指通过节点与带有标志的边形成的有向图，表述事情、定义、状态、动作与客体间的关联。

语义网络是对知识的一个图解性表示，它利用对象及其语义关联来表示知识和知识之间的关联。因此，研究文本型矿工的不安全行为数据时，可利用语义网络来描述不安全行为的产生地点、不安全行为对象和不安全行为状态之间的关联关系，并通过有向箭头指向及其连接，构成对矿工不安全行为比较全面和形象的说明，从而便于安全管理人员更直接、有效地掌握矿工不安全行为对象与安全信息之间的关联关系。

6.3.2　矿工不安全行为语义网络构建

为了全面、合理地使用矿工不安全行为记录，并发现数据中隐含的关键知识和潜在规律，用以引导国家安全管理体系的实施，我们在对不安全行为记录进行预处理的基础上，运用词云和词频等数据方式揭示煤矿企业生产过程中存在的安全隐患概况，并通过建立矿工不安全行为语义网络探究隐含的相互关联关系和分布规律。矿工不安全行为语义网络的构建流程如图 6-7 所示。

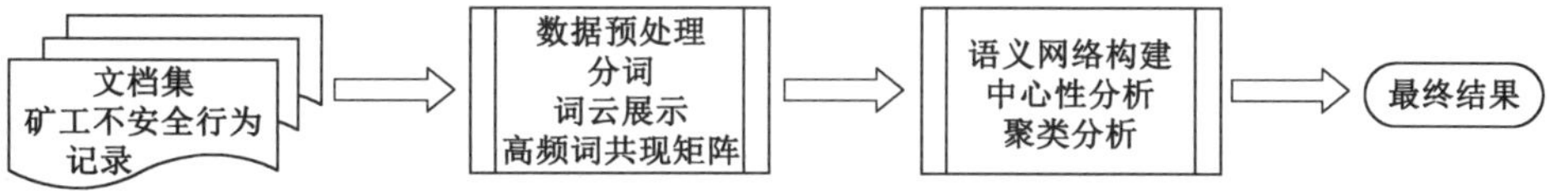

图 6-7　矿工不安全行为语义网络的构建流程

根据上述矿工不安全行为主题提取结果，运用 RostCM6 文本挖掘软件中的 NetDraw 工具绘制矿工不安全行为语义网络图，如图 6-8 所示。图 6-8 中清晰构建了不同主题的矿工不安全行为语义网络，准确直观地体现了关键的高频率矿工不安全行为。其中，高频词间的连线表示共同出现在同一条矿工不安全行为记录中，★节点表示点度中心度最大的节点，□节点表示点度中心度较大的节点，●节点表示点度中心度一般大的节点，○节点表示点度中心度较小的节点，◆节点表示点度中心度最小的节点。根据图中箭头指向、连线以及中心节点，形成对该矿工不安全行为主题关键词较直观的描述。

6.3.3　中心性分析

我们利用 RostCM 6.0 软件建立了矿工不安全行为词频 VNA 矩阵，并且将其引入社会网络分析软件系统 Ucinet，获得了矿工不安全行为在语义网络上的中心性。中心性的分析结果可以通过点度中心度、接近中心度和中介中心度表现。

6.3.3.1　点度中心度(Degree)

点度中心度代表了一个词在整个网络中的作用程度，分为点入中心度(In-Degree)和点出中心度(Out-Degree)。点入中心度表示该关键词的被关注程度，点出中心度表示该关键词关注其他词的程度。关键词点度中心度越大，其与网

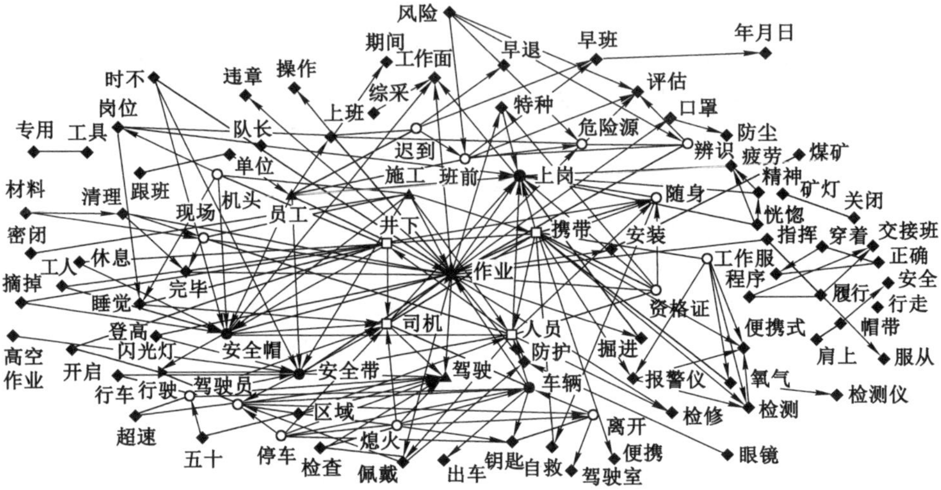

图 6-8　矿工不安全行为语义网络

络中其他节点进行连接的能力就越强。点度中心度计算如式 6-2 所示：

$$C_D(N_i) = \sum_{J=1}^{g} x_{ij} \, (i = j) \tag{6-2}$$

式中　$C_D(N_i)$ ——节点 i 与其他 $g-1$ 个 j 节点($i \neq j$)之间的直接联系数量。

6.3.3.2　接近中心度(Closeness)

接近中心度反映了在计算机网络中，某单一节点和另外的单一节点相互之间的临近程度。不同于点度中心度考虑直接相连的情况，接近中心度需要考虑从每个结点到其他结点之间的最短路径的平均宽度。也就是说，对某个结点而言，其离其他结点越近，其中心度就越高，其在网络中所占据的位置就越靠中心。接近中心度计算如式 6-3：

$$C'_C(N_i) = \frac{g-1}{\sum_{j=1}^{g} d_i s(i,j)} \tag{6-3}$$

式中　$C'_C(N_i)$ ——节点 N_i 的接近中心度；

$d_i s(i,j)$ ——节点 i 与节点 j 之间的最短路径长度；

g ——网络中节点的总数。

6.3.3.3　中介中心度(Betweenness)

中介中心度，是指由某个节点作为另外两个节点内部最短路径的桥梁的次数，可用来表示某个关键词的活跃程度。某个关键词对其他关键词的影响越强，表明该关键词的中介效应越强。中介中心度的计算如式 6-4所示：

$$C_b(v_i)=\sum_{s\neq v_i\neq t\in V}\frac{\sigma_{st}(v_i)}{\sigma_{st}}\tag{6-4}$$

式中　σ_{st} ——节点 v_i 到 v_j 的最短路径的总数量；

$\sigma_{st}(v_i)$ —— v_i 到 v_j 的最短路径中经过 v_i 的路径个数。

矿工不安全行为主题词语义网络中心性分析结果如表 6-9 所示。

表 6-9　矿工不安全行为主题词语义网络中心性分析结果

关键词	点度中心度	接近中心度	中介中心度	关键词	点度中心度	接近中心度	中介中心度
作业	32.99	5.689	37.225	停车	7.216	5.374	0.21
携带	15.464	5.559	12.521	熄火	7.216	5.374	0.21
人员	14.433	5.575	4.482	驾驶员	6.186	5.341	0.335
井下	13.402	5.562	6.758	危险源	6.186	5.483	2.4
司机	13.402	5.572	7.219	现场	6.186	5.459	1.162
安全带	12.371	5.537	5.321	行驶	6.186	5.41	0.7
安全帽	12.371	5.54	3.283	资格证	6.186	5.49	0.086
车辆	12.371	5.514	5.922	辨识	5.155	5.477	1.933
上岗	12.371	5.552	6.78	迟到	5.155	5.347	3.024
驾驶	11.34	5.508	4.641	机头	5.155	5.465	0.52
员工	10.309	5.552	11.399	甲烷	5.155	5.33	0.064
施工	9.278	5.546	2.941	工作面	4.124	5.456	1.75
班前	7.216	5.353	2.777	防护	3.093	5.446	1.718
离开	7.216	5.368	1.868	安装	2.062	5.44	1.718
随身	7.216	5.511	0.712	岗位	4.124	5.377	0.307

结合矿工不安全行为主题词语义网络中心性分析结果和矿工不安全行为主题挖掘结果，由“井下”“车辆”“现场”“工作面”等空间属性的关键词可知，在井下、行车途中和工作面这 3 个地点极易发生矿工不安全行为；“作业”“携带”“人员”“司机”“安全带”“安全帽”“停车”“行驶”等关键词表明，主题 4 入井携带违规物品、主题 1 不系安全带、主题 3 私自摘掉安全帽、主题 7 不系安全帽以及主题 11 驾驶车辆不合规范等 5 个主题为需要重点预防和控制的矿工不安全行为。

第 7 章 矿工不安全行为知识可视化实现过程

7.1 矿工不安全行为知识可视化需求

随着信息技术在煤矿安全领域的应用，积累了海量异源、结构复杂的矿工不安全行为数据，然而这些数据并没有得到充分提纯，没有发挥其应有的价值。由于安全管理者对矿工不安全行为数据的分析、吸取和认知能力有限，煤矿企业对矿工不安全行为的管控欠佳。矿工不安全行为知识可视化对变革安全管理模式、提高煤矿安全管理科学化水平具有重要作用。文本挖掘、信息与规律提取、实现知识可视化这一研究思路，将使海量矿工不安全行为数据中蕴含的知识变得直观明了，极大地提高信息的传递效率和认知效率，使安全管理者能够在第一时间发现异常的矿工行为，增强安全管理者分析与决策的能力。结合矿工不安全行为知识特性和数据特征，我们将矿工不安全行为知识可视化需求概括为以下三个方面。

7.1.1 矿工不安全行为认知效率的需求

矿工不安全行为种类繁多，并且产生大量实时变动、多源异构的矿工不安全行为数据，其中很多数据存在噪声和冗余，传统的结构化数理统计分析手段不仅无法挖掘出不同结构数据之间的关联关系，不能有效解决矿工不安全行为管控欠佳的问题，而且会造成管理者认知资源的极大浪费。通过运用知识可视化技术与方法，不仅有助于安全管理者及时识别矿工不安全行为，有效减少依靠直觉的错判，减少或杜绝安全事故的发生，而且能极大地减轻安全管理者收集数据、分析数据以获取有价值信息的工作量，从而为安全管理者节省更多的时间去思考、处理安全管理中更加重要、紧急和复杂的工作。

7.1.2 矿工不安全行为管控的需求

为了保障煤矿生产活动有序、高效开展，煤矿安全管理者需要及时识别异常的矿工不安全行为,并及时对矿工不安全行为进行精准管控。矿工不安全行为知识可视化基于文本挖掘,结合数据挖掘和知识可视化技术辅以分析,发掘各矿工不安全行为相互之间的关联关系及分布规律,形象地展示海量矿工不安全行为数据中的信息、规律和知识,并根据不同时空条件做出精准预测,增强安全管理者分析与决策能力,使安全管理者能够及时、全面地掌控煤矿安全生产状况,并及时预控或纠正矿工不安全行为,从而提高对矿工不安全行为的管控能力。

7.1.3 煤矿安全科学知识管理的需求

煤炭行业在过去被认为是“傻大黑粗”的行业,粗放的经营管理方式和依赖经验的管理现状已难以适应煤矿工业转型升级和以创新驱动、向管理要效益的发展趋势要求。煤矿企业迫切需要转变生产管理与安全管理思维,通过安全高效生产,降低安全风险成本、增强竞争力。

基于文本挖掘的矿工不安全行为知识可视化为煤矿安全管理提供了新思路,结合文本挖掘、数据挖掘以及可视化技术,挖掘矿工不安全行为的主题分类,分析矿工不安全行为的时空分布规律,通过将隐藏的知识显性化,提高安全管理者对矿工不安全行为的认知,有利于扩展知识可视化在煤矿安全管理中的应用,弥补安全管理者和煤矿企业开展精细化、科学化的安全管理实践存在的知识缺口。

7.2 矿工不安全行为知识可视化模型构建及时空规律方案设计

7.2.1 信息链构建

通过参考安全信息链(即“数据→信息→知识→规律”),可构建出矿工不安全行为相关信息链,如图7-1所示。

第一,矿工不安全行为数据是一组用来记录和描述矿工不安全行为种类及其状态的符号序列,是一种被人们所感知的符号。也可以说,矿工不安全行为数据是对矿工群体的安全事实或观察到的矿工群体行为的数字化、编码化与序列化等。

第二,矿工不安全行为信息是被收集和选择的矿工不安全行为数据,是能更好地反映矿工群体系统行为状态及其变化方式的形式。换言之,矿工不安全行为信息=矿工不安全行为数据+背景化。

第三,矿工不安全行为知识是经过处理的矿工不安全行为信息,主要包括对矿工不安全行为信息的分析、集成以及背景化。

第四,矿工不安全行为规律是经过对矿工不安全行为知识的分析与归纳后

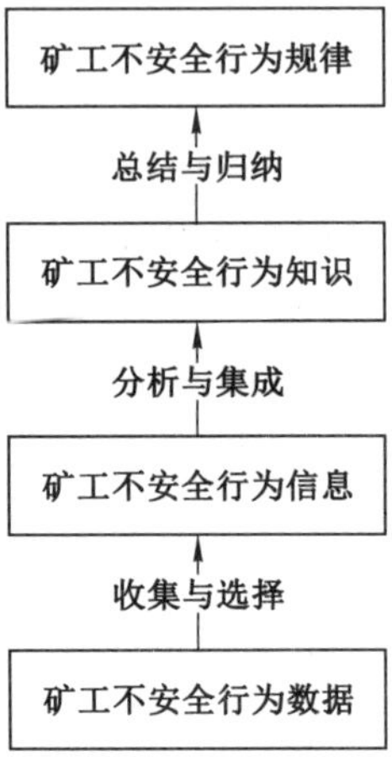

图 7-1　矿工不安全行为相关信息链

得出的普遍规律，是能更好地反映矿工不安全行为的实际情况的方式。

7.2.2　矿工不安全行为可视化管理过程模型构建

基于上述矿工不安全行为信息链，为了实现基于文本挖掘的矿工不安全行为知识可视化，本书构建了矿工不安全行为知识可视化管理过程模型，如图 7-2 所示。该图表明了基于文本挖掘技术的矿工不安全行为知识可视化与传统的知识发现的不同。

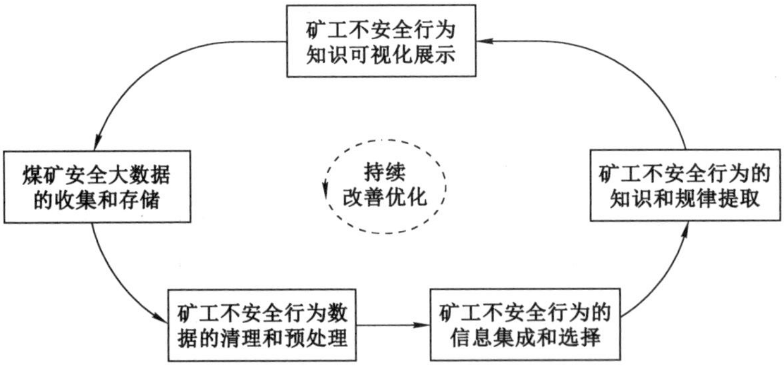

图 7-2　矿工不安全行为可视化管理过程模型

在基于文本挖掘的矿工不安全行为知识可视化的实现过程中，煤矿安全大数据的收集和存储，以及矿工不安全行为数据的清理和预处理，是该过程的重要准备阶段。矿工不安全行为数据的集成和选择、数据挖掘和知识提取以及与矿工不安全行为相关的知识可视化，是该过程的关键步骤和核心内容。从矿工不安全行为数据可视化中提取的后续安全相关知识应进行表示和应用，从而支持整个矿工不安全行为管理系统中的可视化管理和安全控制。同时，矿工不安全行为可视化管理过程是一个持续不断的改善过程。

7.2.3　矿工不安全行为时空规律分析方案设计

在对矿工不安全行为进行文本挖掘分析的基础上，对不安全行为按时间、空间、主题类型 3 种维度依次展开频数计算，可以发现矿工不安全行为发生的时间分布及其变化规律。比如，通过对矿工不安全行为主题类型维度的频数研究，可以得出各种类型的矿工不安全行为出现的频率及其所占的比重，由此可以判断何种行为问题比较突出，从而对其强化监控；通过对时间维度频数研究，能够得出矿工不安全行为在何时为高峰期，由此能够判定各种不安全行为情况随时段的变化，从而对不安全行为爆发时期强化监控；通过对空间层面的频数分类，可以掌握各种矿工不安全行为在全国各个地区的分布状况，从而确定哪些地方才是矿工不安全行为的高发地区，以便于做好对某些矿工不安全行为高发地区的重点监控。利用单变量频数分析方法，能够得出矿工不同的不安全行为在时间层次上的分布情况，但由于矿工不安全行为的发展规律受到人、机、环境、管理等多种因素的共同影响，所以必须运用单变量空间交互分析方法更深入地阐述不同安全隐患问题之间在时间、空间等层面上的相互关联。

为深入揭示矿工不安全行为主题在不同时间、空间上的分布规律，通过对矿工不安全行为主题挖掘结果的解析和关键词提取，同时深入企业了解煤矿实际生产情况，提取并编码空间维度的变量；从年份和班次两个视角出发划分时间维度，分析多粒度下矿工不安全行为主题的时间分布规律。矿工不安全行为变量及编码内容如表 7-1 所示。

表 7-1　矿工不安全行为变量及编码内容

变量		编码内容
矿工不安全行为主题		(1) 不系安全带；(2) 未戴防护眼镜；(3) 私自摘掉安全帽；(4) 入井携带违规物品；(5) 用水冲洗电气设备；(6) 参加班会迟到；(7) 不系安全帽；(8) 作业后未及时清理现场；(9) 工作时串岗、脱岗、睡觉；(10) 疲劳作业；(11) 驾驶车辆不合规范；(12) 作业前不进行检修和危险源辨识
时间	年份	(1) 2017 年；(2) 2018 年；(3) 2019 年；(4) 2020 年；(5) 2021 年
	班次	(1) 0 点班；(2) 2 点班；(3) 8 点班；(4) 14 点班；(5) 16 点班；(6) 20 点班
空间		(1) 井下；(2) 工作面；(3) 大巷；(4) 连巷；(5) 运巷；(6) 泵房；(7) 皮带；(8) 行车；(9) 高空作业；(10) 班会；(11) 机电；(12) 排水巷；(13) 其他

7.3 多粒度矿工不安全行为时间规律分析

国内外专家、学者对矿井灾难发生的时间变化规律开展了深入研究，多数学者利用数理统计的分析方法，从矿井灾难事故的发生种类、持续时间、区域、所有制类型等角度，深入研究了矿井事故的爆发特点以及时间变化规律。上述对矿井灾难事件所产生的时间规律的研究成果，大多来自煤炭行业、我国区域分布情况等从宏观视角所进行的大数量统计分析，却很少从多粒度视角入手而对某些煤矿企业的文本型数据中暴露出的矿工不安全行为所产生的时间规律加以分析。鉴于此，本书将通过用余弦相似度来表示在各时间切片下矿工不安全行为主题词的相对权重，判断在各个时间粒度下的矿工不安全行为主题之间的相似程度，进而判断相关主题之间的演变关系和发展途径，明晰“主题-时间”的演化规律。

余弦相似度以矢量空间中两个方向夹角的余弦值为标准，对比两种可以被方向量化描述的个体的相似程度。在二维矢量空间中，假设两个二维矢量：a 矢量为 (x_1, y_1)，b 矢量为 (x_2, y_2)，那么余弦定理可表示为式(7-1)：

$$\cos(\theta) = \frac{ab}{|a| \times |b|} = \frac{x_1 x_2 + y_1 y_2}{\sqrt{x_1^2 + y_1^2}} \tag{7-1}$$

同理，若把矢量空间由二维扩展到 n 维，将 a、b 假定为 n 维向量，则上述形式仍成立，见式(7-2)：

$$\cos(\theta) = \frac{\sum_{i=1}^{n}(x_i \times y_i)}{\sqrt{\sum_{i=1}^{n}(x_i)^2 \times \sqrt{\sum_{i=1}^{n}(y_i)^2}}} \tag{7-2}$$

余弦值愈接近 1，两个矢量越相似。夹角为 1 则矢量等同。将该原理运用到词汇集结构的主题形式中，则可以通过将主题特征向量化，形成词典，并构建向量空间，实现两两计算比较余弦值来判断矿工不安全行为主题有无关联。

为了将矿工等不安全行为主题内容随时间切片演变的过程可视化，我们将主题内容以及演变关系数据引入 InfoCaptor 软件，从而形成“主题-时间”的演化桑基图。该图下部横轴代表时间片，最左边一纵为所有的主路径标识，而其后在同一纵列内的元素块则代表该时间片下新增的主要内容(关键词)，通过连线连接从属同一主要路径的所有关键词。而元素块的大小则反映了该关键词在下一时间片内进行演变以及细化发展的程度，从而也可以反映观测时点下这个字在主题演化过程中的重要程度。

7.3.1　按照年份揭示矿工不安全行为的变化规律

从粗粒度视角出发，可以揭示矿工不安全行为在不同年份上的变化规律。我们对神华神东煤炭集团 2017—2021 年安全隐患文本数据进行分词和词频统计，分别选择每年词频排名前十的词汇，以观察相关高频词的变化趋势，如表 7-2 所示。从表 7-2 中可以看出 2017—2021 年间“不系”“驾驶员”排名稳定靠前，说明不系安全带、不戴安全帽问题以及行驶不规范问题特别突出且未得到有效控制；从 2019 年开始至 2021 年，“联巷”高频出现，说明“联巷”发生的矿工不安全行为显著增多，亟需高效的控制措施。

表 7-2　神华神东煤炭集团 2017—2021 年矿工不安全行为高频关键词

2017 年		2018 年		2019 年		2020 年		2021 年	
高频词	权重	高频词	权重	高频词	权重	高频词	权重	高频词	权重
不系	0.843	不系	0.927	不系	0.990	不系	0.884	不系	0.928
大巷	0.587	大巷	0.698	大巷	0.707	大巷	0.672	大巷	0.768
高空作业	0.468	高空作业	0.563	高空作业	0.633	高空作业	0.522	高空作业	0.518
升井	0.300	行车	0.312	行车	0.337	升井	0.319	行车	0.332
行车	0.294	升井	0.257	驾驶员	0.255	行车	0.304	升井	0.286
作业	0.282	驾驶员	0.235	升井	0.249	驾驶员	0.275	作业	0.241
驾驶员	0.267	作业	0.231	作业	0.201	联巷	0.245	驾驶员	0.240
米处	0.192	活井	0.209	联巷	0.195	活井	0.236	活井	0.211
登高	0.180	登高	0.207	活井	0.191	作业	0.227	联巷	0.206
员工	0.176	米处	0.169	驾驶	0.164	煤辅	0.188	登高	0.204

为了更直观地展示矿工不安全行为在年份上的分布规律，得到如图 7-3 所示的矿工不安全行为主题随年份演化规律。

从整体分布来看，神华神东煤炭集团 2017—2021 年矿工不安全行为主题分布较为均匀且稳定，但“主题 1 不系安全带”“主题 7 不系安全帽”“主题 8 作业后未及时清理现场”“主题 10 疲劳作业”4 个矿工不安全行为主题一直为高频主题。

从主题演化路径来看，主题 1 和主题 7 具有强相关性，说明“不系安全带”与“不系安全帽”这两种矿工不安全行为相互关联，这可能是因为大部分矿工会同时出现这两种矿工不安全行为；而主题 8 与主题 10 同样具有强相关性，说明“作业后未及时清理现场”与“疲劳作业”这两种矿工不安全行为相互关联，这可能是因为矿工疲劳作业间接或直接导致了矿工作业后未及时清理现场。

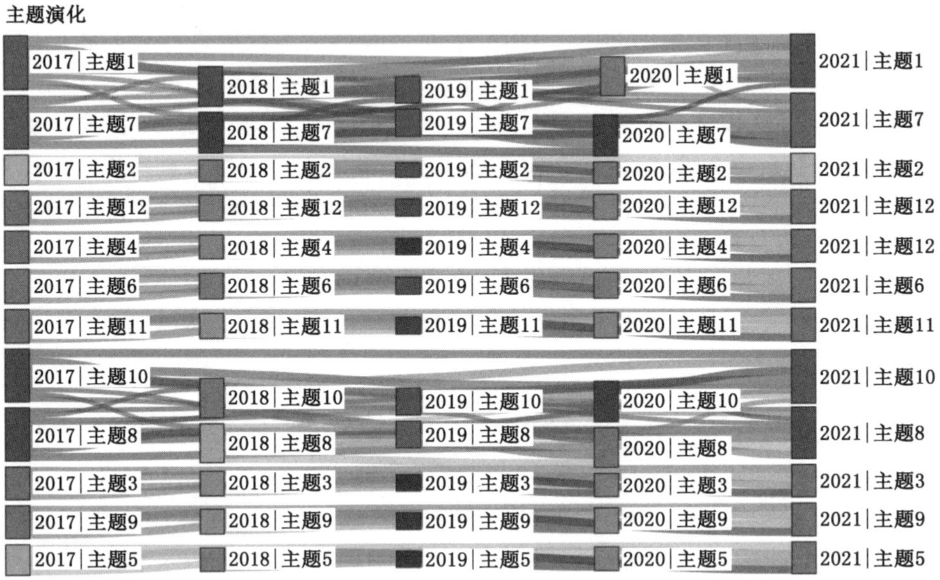

图 7-3　矿工不安全行为主题随年份演化规律

7.3.2 按照班次揭示矿工不安全行为的变化规律

从细粒度视角出发，可以揭示矿工不安全行为按不同班次的变化规律。我们对陕西省某大型煤炭集团 2017—2021 年矿工不安全行为文本数据进行分词和词频统计，分别选择各班次词频排名前十的词汇，以观察相关高频词的变化趋势，如表 7-3 所示。从表 7-3 中可以看出，“不系”“驾驶员”排名稳定靠前，说明不系安全带、安全帽问题以及行驶不规范问题特别突出且未得到有效控制。

表 7-3　陕西省某大型煤炭集团 2017—2021 年矿工不安全行为各班次高频关键词

0 点班		8 点班		14 点班		16 点班		20 点班		2 点班	
高频词	权重	高频词	权重	高频词	权重	高频词	权重	高频词	权重	高频词	权重
大巷	0.847	不系	0.897	不系	1.132	不系	0.985	不系	1.397	驾驶	1.125

表 7-3(续)

0 点班		8 点班		14 点班		16 点班		20 点班		2 点班	
高频词	权重	高频词	权重	高频词	权重	高频词	权重	高频词	权重	高频词	权重
不系	0.794	大巷	0.619	高空作业	0.625	大巷	0.809	高空作业	1.029	行驶	0.952
高空作业	0.507	高空作业	0.546	驾驶员	0.502	高空作业	0.536	大巷	0.903	不系	0.797
升井	0.306	行车	0.334	行车	0.497	升井	0.380	大井	0.466	驾驶员	0.718
活井	0.299	驾驶员	0.262	吊装	0.375	行车	0.292	外委	0.461	大巷	0.618
联巷	0.262	升井	0.247	作业	0.281	驾驶员	0.250	员工	0.371	行车	0.373
行车	0.251	作业	0.242	驾驶	0.257	联巷	0.225	密闭	0.369	卡车	0.363
作业	0.245	活井	0.192	大巷	0.247	作业	0.217	煤辅	0.311	司机	0.303
登高	0.229	登高	0.171	叉车	0.167	米处	0.214	升井	0.311	矿井口	0.278
米处	0.212	驾驶	0.168	手套	0.151	登高	0.207	高空	0.310	灯不亮	0.269

为了更直观地展示矿工不安全行为主题随班次的分布规律，得到如图 7-4 所示的矿工不安全行为随班次演化规律。

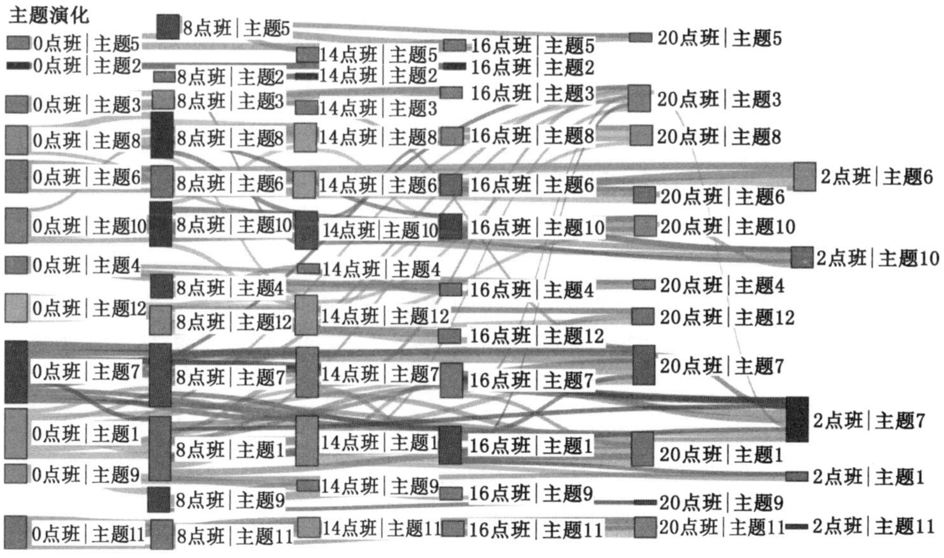

图 7-4 矿工不安全行为随班次演化规律

从整体分布来看，矿工不安全行为主题随班次的演化路径较为复杂，说明在细粒度视角下能更深入地挖掘矿工不安全行为主题的演化规律。在20点班和2点班这两个时间切片下，存在矿工不安全行为主题的缺失，说明这两个班次未安排相应地点的作业。

从主题演化路径来看，存在3条新的演化路径：① 主题2向主题10演化，即“未戴防护眼镜”向“疲劳作业”演化，这说明不戴防护眼镜可能会导致矿工疲劳；② 主题3向主题7演化，即“私自摘掉安全帽”向“不系安全帽”演化，这可能是因为当安全巡检人员离开后，矿工存在私自摘掉安全帽的行为，并在之后的工作活动中持续不戴安全帽；③ 主题8向主题12演化，即“作业后未及时清理现场”向“作业前不进行检修和危险源辨识”演化，这可能是因为大部分矿工会同时出现这两种不安全行为。

7.4 矿工不安全行为空间规律分析

7.4.1 对应分析的基本原理

对应分析法是在 R 型和 Q 型因子分析的理论基础上，发展出来的一类多元数据分析方法。它把变量点与类别点同时反映在同一坐标轴的因子平面中，并利用图中各类点之间的空间差异表达了类别间的相互作用。因此，通过对应方法对变量间的相互作用进行研究，既可实现通过数据交互分析方法对变量与类别同时展开关联研究，也能实现可视化研究，从而提升认知质量。

7.4.2 对应分析的方法与步骤

任意选择两种变量 A 与 B 加以交互解析，并假设 A 变数有 n 个类型，B 变数有 p 个类型，则两种变量各级别的相互分布即可描述为 $n \times p$ 二维列联表的类型。通过将参与交换的自变量 A 与 B 进行二维列联表，建立原始数据矩阵 $X = (x_{ij})_{n \times p}$。

(1) 原始数据规范化。使行变量与列变量之间的协方差存在一样的非零特征值，对原始数据矩阵 X 加以变换，可以使 x 的每一位元素都减去所有元素之和，所得矩阵为 P，如式(7-3)所示：

$$P = (P_{ij}) = \frac{1}{x}(x_{ij}) \tag{7-3}$$

其中 $x = \sum_i \sum_j x_{ij}$。

(2) 计算矩阵 Z，矩阵 $Z_{n \times p}$ 的元素如式(7-4)所示：

$$Z_{ij} = \frac{P_{ij} - P_i \cdot P_j}{\sqrt{P_i \cdot P_j}} \tag{7-4}$$

其中 $P_i = \sum_j P_{ij}$，$P_j = \sum_i P_{ij}$。

(3) 计算 R 型因子分析的因子载荷矩阵。对变量 A 各类别做 R 型因子分析,计算协差阵 $A_{pp}=Z'Z$ 的特征值 $\lambda_1\geqslant\lambda_2\geqslant\cdots\geqslant\lambda_r,0<r\leqslant\min\{p,n\}$,相应的特征向量为 $u_1,u_2,\cdots,u_r$,并使之单位化,从而得到 A 变量各类别的因子载荷矩阵 U,如式(7-5)所示:

$$U=\begin{bmatrix} U_{11}\sqrt{\lambda_1} & U_{12}\sqrt{\lambda_2} & \cdots & U_{1m}\sqrt{\lambda_m} \\ U_{21}\sqrt{\lambda_1} & U_{22}\sqrt{\lambda_2} & \cdots & U_{2m}\sqrt{\lambda_m} \\ \cdots & \cdots & \cdots & \cdots \\ U_{p1}\sqrt{\lambda_1} & U_{p2}\sqrt{\lambda_2} & \cdots & U_{pm}\sqrt{\lambda_m} \end{bmatrix} \tag{7-5}$$

(4) 计算 Q 型因子分析的因子载荷矩阵。对变量 B 各类别做 Q 型因子分析,计算协差阵 $B=ZZ'$ 的特征向量为 $v_i=Zu_i$,使之单位化,得到 B 变量各类别的因子载荷矩阵 V,如式(7-6)所示:

$$V=\begin{bmatrix} V_{11}\sqrt{\lambda_1} & V_{12}\sqrt{\lambda_2} & \cdots & V_{1m}\sqrt{\lambda_m} \\ V_{21}\sqrt{\lambda_1} & V_{22}\sqrt{\lambda_2} & \cdots & V_{2m}\sqrt{\lambda_m} \\ \cdots & \cdots & \cdots & \cdots \\ V_{p1}\sqrt{\lambda_1} & V_{p2}\sqrt{\lambda_2} & \cdots & V_{pm}\sqrt{\lambda_m} \end{bmatrix} \tag{7-6}$$

至此,实现了对变量 A 和 B 的降维,以矩阵 U 和矩阵 V 的两列元素作指标散点图。

7.4.3　结果分析

我们建立了矿工不安全行为主题与空间变量的二维对应关系,通过 Spearman 相关系数检验,取显著性水平 $\alpha=0.05$,认为两变量存在相关性,分析结果如图 7-5 所示。

图 7-6 是矿工不安全行为主题与空间对应分析图,分析如下。

(1) 表 7-4 总结了矿工不安全行为主题-空间分布情况。

(2) 从图 7-6 可以看出,12 个矿工不安全行为主题分布在 13 个不同的地点,说明不同的矿工不安全行为主题与安全隐患地点之间有明显的分布规律。

(3) 从矿工不安全行为主题与空间的关联关系来看,在工作面和其他地方,矿工不安全行为主题分布没有明显差异,即该区域各种矿工不安全行为都可能发生,这一结果也符合工作面易产生各类矿工不安全行为这一煤炭行业的实际情况。

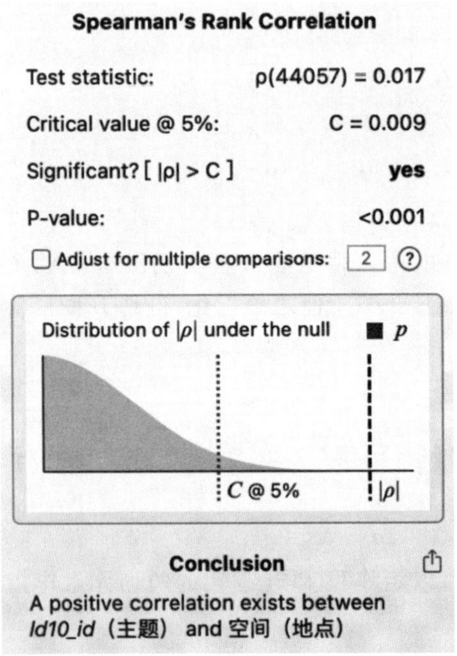

图 7-5 矿工不安全行为主题与空间相关性检验

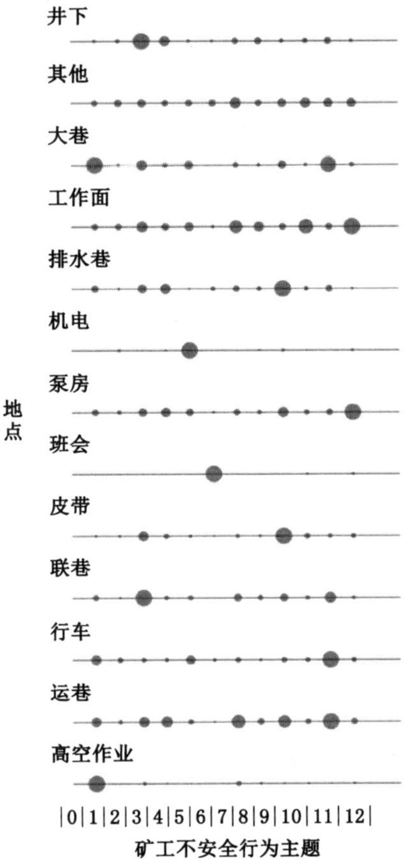

图 7-6 矿工不安全行为主题与空间对应分析

表 7-4 矿工不安全行为主题-空间分布情况

空间(地点)	主题内涵	主题
井下	私自摘掉安全帽	主题 3
大巷	不系安全带	主题 1
	驾驶车辆不合规范	主题 11
排水巷	工作时串岗、脱岗、睡觉	主题 9
机电	用水冲洗电气设备	主题 5
泵房	作业前不进行检修和危险源辨识	主题 12
班会	参加班会迟到	主题 6

表 7-4(续)

空间(地点)	主题内涵	主题数
皮带	私自摘掉安全帽	主题 3
	工作时串岗、脱岗、睡觉	主题 9
联巷	私自摘掉安全帽	主题 3
行车	驾驶车辆不合规范	主题 11
运巷	不系安全帽	主题 7
	工作时串岗、脱岗、睡觉	主题 9
	驾驶车辆不合规范	主题 11
高空作业	不系安全带	主题 1

7.5　矿工不安全行为可视化预控系统

7.5.1　矿工不安全行为可视化预控系统需求分析

矿工不安全行为的种类繁多且演变规律复杂，通过对矿工不安全行为记录进行文本挖掘分析，得出矿工不安全行为的主题归类、语义网络以及时空演变规律，大大提高了研究者和管理者对矿工不安全行为深层知识的认知。为了实现矿工不安全行为知识可视化，帮助煤矿安全管理者更好地对矿工不安全行为进行预测和控制，亟需开发科学、实用且直观的矿工不安全行为可视化预控系统。该系统应拥有简洁易操作的系统界面，通过直观形象的统计图表等方式输出矿工不安全行为预测结果及控制对策，以期用于对矿工不安全行为的预控研究，提高煤矿安全管理效率。

我们以前文矿工不安全行为主题挖掘、语义分析和时空规律等结果为数据基础，结合 Microsoft Office Access、Wizard 和 SQLServer 等数据库软件，开发拥有简洁、美观的人机交互界面，构建兼具实用性和实效性的矿工不安全行为可视化预控系统。其中，Microsoft Office Access 用于存储矿工不安全行为的相关数据，包括原始数据、交互数据、主题挖掘结果、时空规律等数据信息；使用 SQLServer 及 Wizard 软件用于矿工不安全行为预控系统的界面呈现。该系统既可实现矿工不安全行为的主题归类和时空规律可视化，也可根据不同时空下的预测情况有针对性地获取控制措施。

7.5.2 矿工不安全行为数据库录入

7.5.2.1 矿工不安全行为数据库结构

根据第 3 章对矿工不安全行为数据采集的分析与总结，矿工不安全行为可视化预控系统的基本数据主要来源于自动感知、人工录入和法律法规文件 3 个部分。我们根据这些主要因素和前文分析结果，总结出录入矿工不安全行为预控系统的关键数据集，包含环境监测数据、设备情况数据等自动感知数据，隐患排查数据、安全巡检数据等人工录入数据，以及煤炭行业政策措施、煤矿安全规程等法律法规文件，如图 7-7 所示。

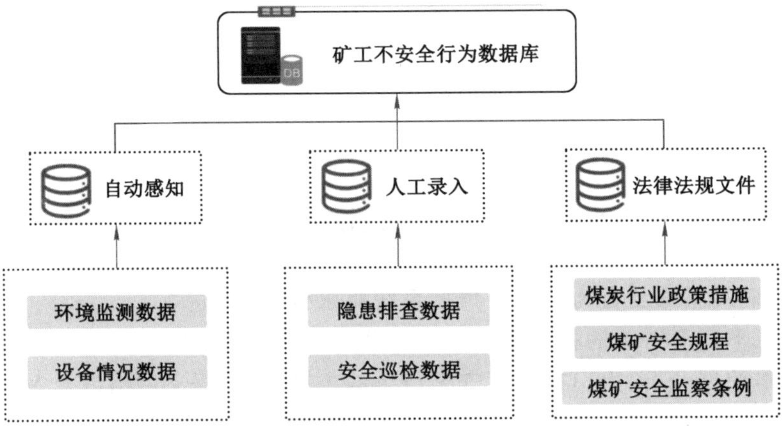

图 7-7　矿工不安全行为数据库结构

7.5.2.2 矿工不安全行为数据库构建

基于前文分析结果，录入“矿工不安全行为主题”“矿工不安全行为主题-时间分布规律”“矿工不安全行为主题-空间分布规律”，以及企业内各相关联的系统数据库，通过 models. py 文件来建立矿工不安全行为数据库中的信息表语句，如表 7-5 所示。

表 7-5　矿工不安全行为数据库中的信息表语句

序号	字段名	说明	变量类型
1	miner_no	矿工编号	CharField
2	topic_no	主题编号	CharField
3	securitypersonnel_no	安检人员编号	CharField

表 7-5(续)

序号	字段名	说明	变量类型
4	post	岗位	CharField
5	b_describe	不安全行为描述	TextField
6	b_describe_detailed	不安全行为详细描述	TextField
7	b_warninglevel	预警等级	CharField
8	b_shift	班次	CharField
9	securityunit	检查单位	CharField
10	b_checkdate	检查日期	DateField
11	equipment_con	设备情况	ForeignKey
12	environment_con	环境条件	ForeignKey
13	position	空间地点	ForeignKey
14	conductortype	通道类型	ForeignKey
15	b_mine_prevention	防控措施	ForeignKey
16	b_mine_measure	事后处置	ForeignKey
17	b_risklevel	风险等级	ForeignKey
18	b_topicyear	主题-年份	ForeignKey
19	b_topicseason	主题-季度	ForeignKey
20	b_topicbanci	主题-班次	ForeignKey
21	b_topicposition	主题-地点	ForeignKey

7.5.3　矿工不安全行为可视化预控系统设计

矿工不安全行为可视化预控系统，在设计过程中要明确相关数据库的维度和数据粒度等。通过前文对于矿工不安全行为时空规律的分析，结合本书面向“关口前移”预防重大事故发生的主题，建立“风险等级-时间-空间-主题”相关联的矿工不安全行为可视化预控系统实体关系图，如图 7-8 所示。

7.5.4　矿工不安全行为可视化预控系统应用

矿工不安全行为知识可视化系统包含节点和关系 2 种数据存储方式。

(1) 节点(Node)：表示特征实体，该实体可能带有与之有关的特征词，物理上没有限制。其形式没有规定，主要根据节点的特征标签来加以划分。

(2) 关系(Relationship)：描述了当前节点和其他节点之间的关系。关系本身能够确定属于自己的属性。和节点相同，关系对于存储格式并没有特殊的需求，但是其包括了所连接的两个节点的 ID。

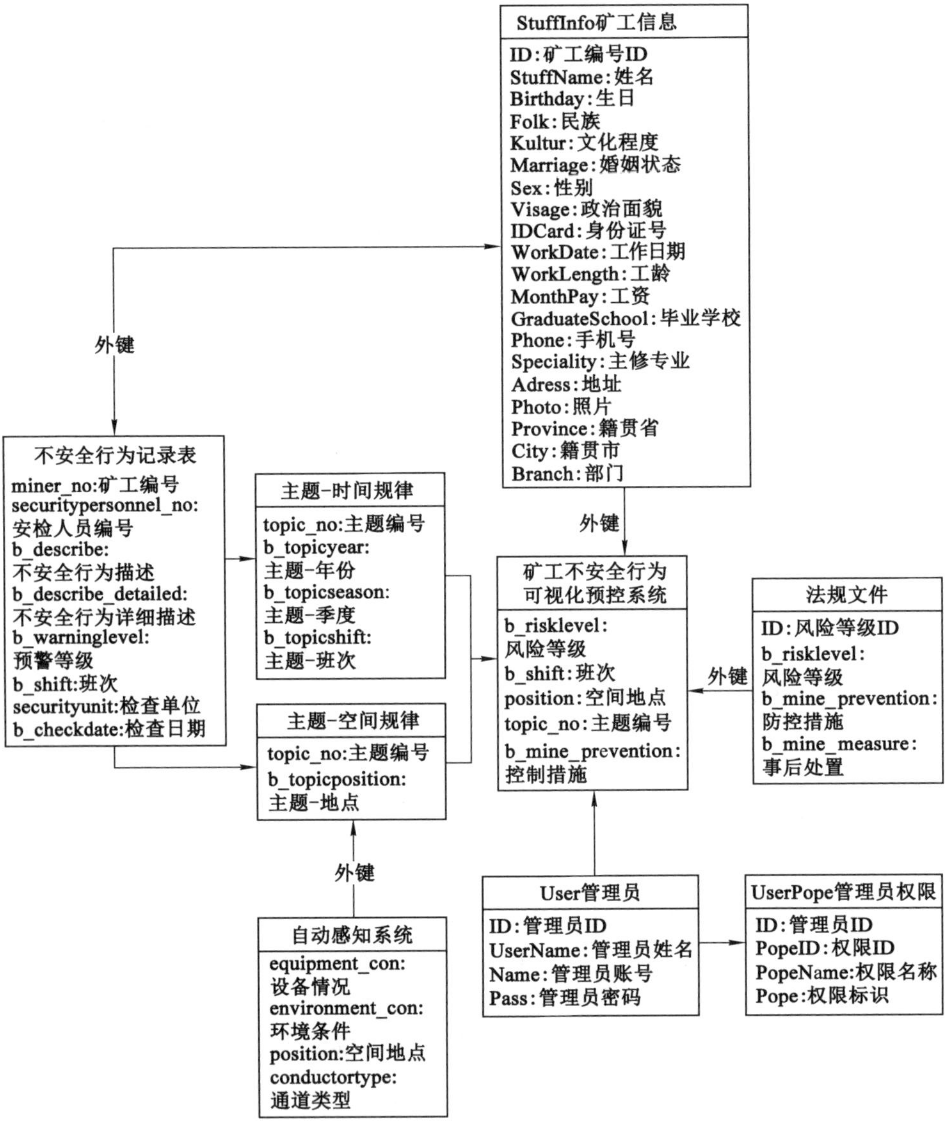

图 7-8　矿工不安全行为可视化预控系统实体关系

我们使用 Py2neo 库中的 Node、Relationship 及 Graph 实现矿工不安全行为可视化预控系统智能交互。Node 用于创建节点实体，Relationship 用于创建连接实体的关系，Graph 用于查询，查询结果如图 7-9 所示。

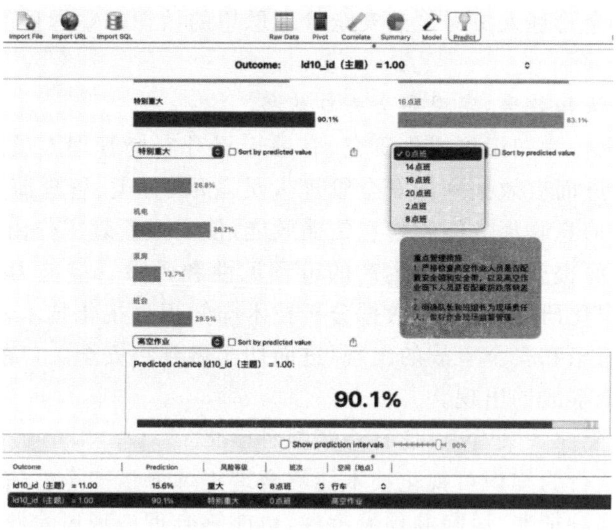

图 7-9　矿工不安全行为可视化预控系统查询结果

7.6　矿工不安全行为可视化对策与建议

7.6.1　矿工不安全行为可视化管理建议

矿工不安全行为知识可视化技术，是在建设高智能化矿井的背景下，面向矿工不安全行为大数据，分析并研究运用文本挖掘、知识提取和可视化等手段和方式，将蕴藏于海量安全数据中的信息、知识和规律显性化、可视化，从而提升安全管理人员对安全大数据分析的理解效率，并把挖掘出的知识运用于指导安全管理决策和安全管理工作的实施，最后实现提升安全管理工作业绩及有效预防矿工不安全行为发生的目的。

7.6.1.1　利用大数据思维，增强系统安全观念

传统的矿工不安全行为大数据统计分析一般面对的是较少样本，结构性地、精准地对安全数据的关系数据分析；而矿工不安全行为大数据分析挖掘一般面对的是海量纷杂、半结构化甚至是非结构化的、可以通过发掘数据之间的相互关联关系，从而获得更多、更全面的传统的大数据分析方式所无法注意到的细节信息。矿工不安全行为大数据挖掘作为复杂安全管理知识数据可视化的关键环节，通过大数据思维可以将复杂安全管理思想从专注于随机的安全样本数据转为全体安全样本数据，从追求因果关系转为关联关系，从而将传统的、粗放的安全监管方法变为通过复杂安全大数据分析、能够把握全局的精细化安全监管模

型，进而提升安全管理人员对复杂安全管理思想的认识和掌握程度，从而提升安全驾驭能力。

7.6.1.2 提高认知效率，实现安全关口前移

矿工不安全行为知识可视化研究，有助于提升安全管理人员对庞杂安全数据的理解效率，进而有效地降低安全管理人员获取、分类、管理海量安全数据的压力，同时提升信息收集效能和信息传播效能，使安全管理工作由被动应对向积极预见过渡，进而提升信息安全生产的可预见性和风险管控能力。矿工不安全行为的知识可视化研究，通过大数据分析技术与知识可视化技术，能在更多方面有效防范安全隐患和安全事故的出现，进而切实做到将安全关口前移，更有效地预防和减少安全事故的出现。

7.6.1.3 提高管理决策质量，使行为预测科学化

矿工不安全行为知识可视化技术能够合理提炼海量安全性信号背后潜藏的重大安全隐患问题征兆、风险源预警特性，也能够合理展现风险源、安全隐患、重大安全事故的空间分布规律与时间发生规律，从而可以辅助信息安全管理者对风险源、安全隐患和重大安全事故进行精确辨识、评估和预测。矿工不安全行为知识可视化技术对于风险源辨识的准确性、重大安全隐患问题排除的时效性，以及重大安全事故预警预报的正确性都有着关键影响，也可以避免因经验与直观判断所带来的错误与局限。通过矿工不安全行为知识可视化，将已挖掘出的具有实际使用价值的知识、信息进行传递、共享与使用，再加上针对性的安全常识训练，就能够有效地减少井下矿工的不安全行为，进而有效减少人为原因引发的安全隐患和安全事故。

7.6.1.4 建立多层次的矿工不安全行为大数据处理平台

从国家长期利益考虑，建立国家、地方政府和煤矿企业之间多层次矿工不安全行为的信息管理网络平台，对于提高我国矿工不安全行为的监管能力，具有十分重要的作用。国家、地方和煤矿企业之间的安全性数据信息并没有高度交互性，使得国家安全数据管理的整体性和准确度深受干扰。通过建立矿工不安全行为大数据处理系统，能够整合各个方面的信息安全企业管理资源。同时，通过大数据分析技术，可以得出能够应用在各个层面的信息关联规则，从而达到对信息安全大数据分析技术的高效运用，以缓解我国煤炭行业的数据膨胀问题。

通常，需要根据不同类型的数据来源选择不同的处理手段和分析方法，以获得相应的可视化效果和目标，因此实现矿工不安全行为知识可视化的方法与技术的选择尤其重要。针对不同的矿工行为管理对象及其特性，选择合适的视觉展示方法，对提升信息处理能力、知识提取效率和传播速度有至关重要的作用。

如图 7-10 所示，设备层、网络层对应煤矿安全大数据的收集和存储、矿工不

安全行为数据的清理和预处理；数据层、挖掘层和展示层分别对应矿工不安全行为数据的集成和选择、数据挖掘和知识提取以及与矿工不安全行为相关的知识可视化这三个关键步骤，实现了数据的集成选择、挖掘分析和知识可视化展示，是矿工不安全行为知识可视化应用的核心。

① 设备层。设备层包含收集数据的各种方法，分为物联网收集和人工收集两类。物联网收集以煤矿企业原有的综合自动化系统中的数据采集设备为基础，实现数据的自动化检测、收集、简单分类和存储，如红外探测感应矿工是否去过危险区域。人工收集主要应用于机器设备无法实现或经济效益不允许的情况，如矿工现场作业时是否有动作不规范的情况。

② 网络层。网络层以互联网技术和移动通信技术为核心，实现数据的实时传输，高效、及时、透明地将信息集成到核心办公网络，全面实施企业各分矿、部门及设备间的信息共享。

③ 数据层。数据层采用数据库的理念全面整合数据，构建用于分析矿工不安全行为的数据库。矿工不安全行为数据库的核心任务是实现数据的集成、选择和存储互联，按类型形成不同的数据集，如职工信息数据集、人员定位数据集、设备监测数据集、环境监测数据集以及行为文本数据集等，为下一步数据挖掘提供全方位支撑。

④ 挖掘层。挖掘层基于数据挖掘方法，全面分析矿工不安全行为数据库中各类型数据集数据，实现数据的聚类、分类、文本挖掘和关联规则分析等，挖掘数据库包含的潜在的规律和问题。挖掘层是矿工不安全行为可视化管理平台的核心层之一，通过该层提取出矿工不安全行为相关的隐性知识，初步实现知识的有效提纯、增值和应用。

⑤ 展示层。展示层是对提纯的隐性知识的再加工，将冗杂的规律进行排列组合和展示，重点凸显结果的透明化、逻辑化和可视化，实现直观动态的可视化展示，体现煤矿企业对矿工不安全行为的全面可视化管理。

7.6.2　矿工不安全行为分类管理对策

对矿工不安全行为的严格管控，是保证煤矿安全生产、防止安全事故发生的关键手段。通过对矿工行为相关数据的深层挖掘、分析和归类，依次对矿工不安全行为进行重点分类管理，为提高煤矿安全管理效率提供新的突破口。由第 4 章分析结果可知，在现行煤矿生产条件和管理条例实施下，矿工不安全行为可归类为忽视个人防护、忽视管理条例、违法违规操作、忽视作业流程和分散注意力 5 类。

7.6.2.1　*忽视个人防护的管理对策(见表 7-6)*

第一，强化容易产生不安全行为的个人安全防护用品管制规定。① 头部保

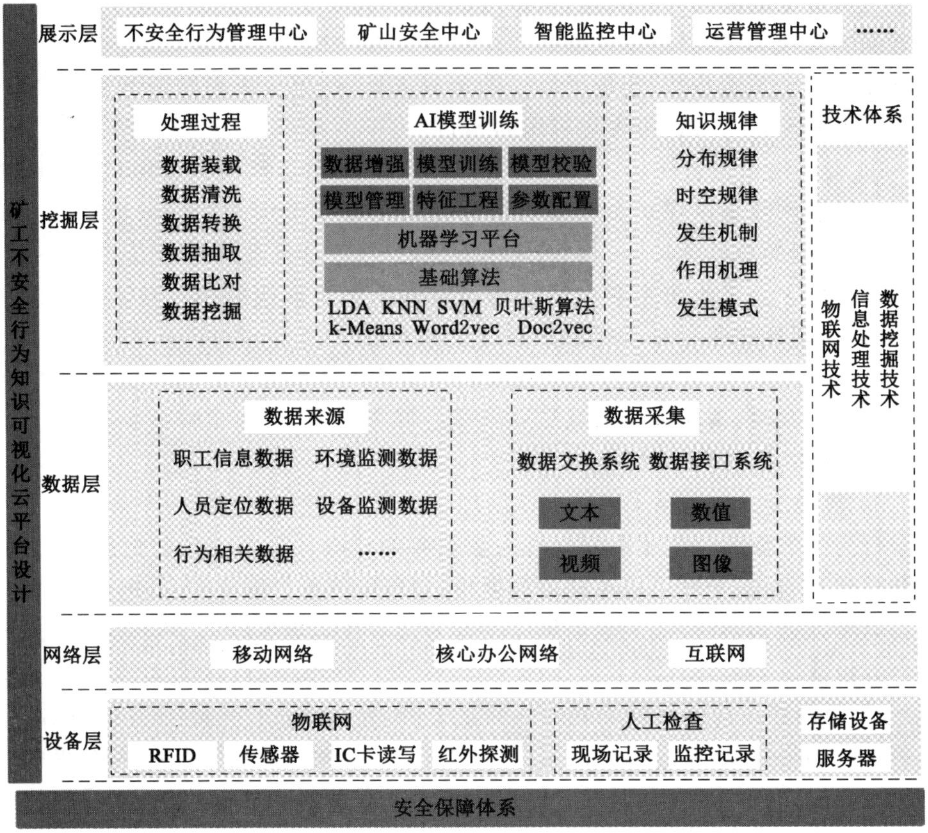

图 7-10　矿工不安全行为知识可视化云平台设计

护:所有高空作业人需要配戴安全帽,在高空作业面下需要配戴防跌落钢盔;② 坠落保护:所有的作业人员,以及搭乘载具人员都应当系好安全带;③ 眼睛保护:在具有灰尘、废气、蒸汽、浓烟、雾等强烈刺激的工作场合,都应当配戴防护眼镜或者面具。

第二,明确带班组长和班组长等现场负责人,做好对现场作业中不安全情况的安全监管,并及时发现、消除作业中矿工不戴保安帽、不系安全带、不戴防护眼镜等不安全行为。煤矿安全检查人员不能做到时时刻刻监管,而矿工受情绪、环境等因素的影响存在摘掉防护用品的行为,所以,领队、班组长作为本队、本班的安全第一责任人,对矿工私自摘掉防护用品这一不安全行为,负有连带的监护与管教责任。

表 7-6　忽视个人防护管理措施内容

项目名称	项目内容
强化个人安全防护用品管制规定	(1) 头部保护;(2) 坠落保护;(3) 眼睛保护
明确现场负责人	做好对现场作业中不安全行为的安全监管,并及时发现、消除作业中矿工不戴保安帽、不系安全带、不戴防护眼镜等不安全行为

7.6.2.2　忽视管理条例的管理对策

矿工作为煤矿生产的重要人力组成部分,其人员结构广泛而复杂,主要表现为素质水平、学历水平等方面参差不齐,不服从日常管理的行为时有发生,比如本书挖掘分析得出的参加班前会迟到或不参加班前会。

第一,应做好职工的思想道德教育。各党总支、工会针对思想懈怠、工作态度不端正的职工要做好谈心、家访等工作,逐步转变职工对企业管理活动的消极观点,并从端正职工的态度入手,对职工开展安全态度和安全思维教育训练,纠正职工头脑中对组织或班前会的某些错误偏见,增强职工安全生产的能力和责任感,防止不安全行为的出现。

第二,管理人员需认真开好班前会。在开展班前会时,必须根据上一次会议反映的信息和本班的工作任务做出总结报告,有重点地实施安全防范措施,并规范交接班程序。同时提醒带班队长,要对易出现不安全行为的工作人员、工种程序、时段等加以重点控制,防止工作不仔细、工序混乱、错误操作等不安全行为的出现。

7.6.2.3　违法违规操作的管理对策

违法违规操作是极易直接导致事故发生的矿工不安全行为。矿工的违法违规操作种类繁多,且难以被安全管理人员及时发现。

第一,应严格执行安全规程、煤矿安全监察管理条例等规章制度,在易产出不安全行为的地点设立相应警示标志,起到随时随地提醒矿工的作用。所有空顶区域必须设有空顶警告标志;所有盲巷、采空区和水仓等场所应当设有围栏或设置警告标志;在限高区域、限宽区域、危险有害气体区域和灰尘超标区域,应当悬挂警告标志等。

第二,各级检查人员要以现场情况为检查重点。安全管理人员要把对矿工不安全行为的检查纳入企业安全生产质量监管检查工作内容,在各种定期检查、动态检查、区队自查、夜检查、专项检查等中均把违法违规操作列入重要检查内容,全方位、全面地巡查、督促、纠正矿工的违法违规操作行为,并强化对违法违规操作的查处和打击力度。

7.6.2.4　忽视作业流程的管理对策

应强化专业知识训练，以增强员工标准作业的业务能力。认真制定、组织、执行、健全作业规程、安全规程等规章制度，结合实际生产需求、设备更新状况、工作人员增减状况、环境条件变化等，本着“干什么、学什么，缺什么、补哪些”的原则，完善培训内容，保证培训的针对性和时效性。尤其要面向不同岗位抓好作业规程、操作规程的训练工作，搞好对新进员工、刚调职管理人员的训练工作和师带徒监督，以保证对岗位作业过程和不安全行为的预控措施认识到位、落实到位。

同时，各区队、单位、班组也要分工种梳理涉及本单位人员的作业过程，并对辖区内工作人员分类预控、告知提示，使安全管理人员了解本单位作业过程，并熟知如何防止本单位不安全情况的出现。

7.6.2.5　分散注意力行为管理对策

应明确细分和执行所有分散注意力行为的管理措施：① 所有矿工在作业时间内不得开展与本工作不相干的活动，如串岗、脱岗、玩耍打闹、睡觉等；② 与他人沟通交流之前应当确定环境的安全，当正在处理安全隐患或实施高度危险作业时禁止沟通、交流，当确定环境安全后方可沟通、交流。

各区大队、机关和班组要合理安排矿工的作业任务，保证矿工合理休息，使矿工劳逸结合，保持充沛的劳动体能。把满不在乎的“麻痹人”、不懂安全知识的“糊涂人”、新婚前后的“甜蜜人”、消化不良的“迷糊人”、身体不良的“有病人”、满腹心事的“沉闷人”、马虎蛮干的“鲁莽人”、图省事怕麻烦的“偷懒人”、精力上受影响的“分心人”、参加家庭经商的“经济人”、探亲回来的“疲惫人”、受批评挨处罚的“情绪人”等 12 中安全隐患人员作为主要控制对象，避免疲劳上岗和带着情绪上岗情况的发生。

参考文献

[1] 陈立龙,等.基于可穿戴设备的体育运动可视化管理[J].系统仿真学报,2014,26(09):2028-2033.

[2] 陈伟珂,武晓燕.基于突变理论的建筑工人不安全行为研究[J].安全与环境学报,2017,17(05):1838-1843.

[3] 陈燕燕.知识可视化中视觉隐喻及其思维方法[J].现代教育技术,2012,22(06):16-19.

[4] 陈泽.千万吨矿井不安全行为管控体系研究[J].煤炭科学技术,2021,49(S2):208-215.

[5] 成家磊,祁神军,张云波.组织氛围对建筑工人不安全行为的影响机理及实证研究[J].中国安全生产科学技术,2017,13(11):11-16.

[6] 仇国芳,鱼馨水.基于粗糙集的建筑工人安全认知提升策略研究[J].工业工程与管理,2019,24(04):120-127.

[7] 杜毅博,赵国瑞,巩师鑫.智能化煤矿大数据平台架构及数据处理关键技术研究[J].煤炭科学技术,2020,48(07):177-185.

[8] 公建祥,殷文韬,傅贵.煤矿事故预防个人行为控制方法研究[J].煤炭工程,2016,48(02):145-148.

[9] 郭焘,王祥尧,邱思然.矿工心理健康风险及不安全行为:基于文化圈层理论的量化研究[J].中国安全科学学报,2021,31(S1):129-135.

[10] 郭彦豫,栗继祖.基于SEM的矿工情绪智力对其不安全行为的影响研究[J].煤矿安全,2021,52(09):250-255.

[11] 国玉霞,颜士刚.论视觉传播视野下的知识可视化过程[J].电化教育研究,2016,37(03):20-25+33.

[12] 韩天园,等.基于文本挖掘的重特大交通事故成因网络分析[J].中国安全科学学报,2021,31(09):150-156.

[13] 郝明亮.心理资本前因变量研究[J].重庆科技学院学报(社会科学版),

2010(11):93-95.
[14] 霍艳琳,畅红琴.组织公正对矿工反生产行为的影响机制研究[J].煤矿安全,2020,51(01):238-241.
[15] 江平.基于大数据可视化激光测距城市空间三维图像重构[J].激光杂志,2022,43(03):174-178.
[16] 李凤莲.心理资本对员工创新行为的影响机制研究[J].财经问题研究,2017(12):138-143.
[17] 李桂粉,辛雷.心理资本对疗养院非现役文职护士工作倦怠的影响[J].实用医药杂志,2016,33(01):66-67.
[18] 李红霞,樊欣怡.人因视角下国内煤矿安全领域研究现状与发展趋势[J].煤炭工程,2022,54(01):181-186.
[19] 李辉山,蒋倩倩.基于DEMATEL-ISM的建筑工人不安全行为影响因素研究[J].工程管理学报,2019,33(04):143-147.
[20] 李建波.浅谈不安全行为内在因素的干预与影响[J].中小企业管理与科技(下旬刊),2018(07):18-19.
[21] 李俊亭,郑明珠,赛云秀.施工作业人员不安全行为干预策略仿真研究[J].工业工程,2021,24(01):111-116.
[22] 李妙慧,栗继祖.群体动力对矿工不安全行为意向的影响研究[J].中国安全科学学报,2021,31(07):48-55.
[23] 李乃文,张丽,牛莉霞.工作压力、安全注意力与不安全行为的影响机理模型[J].中国安全生产科学技术,2017,13(06):14-19.
[24] 李爽,刘海洋,杨勇.基于矿工不安全行为的煤矿安全预测评价模型[J].煤矿安全,2017,48(08):242-245.
[25] 李小涛,等.论智慧图书馆与知识可视化[J].情报资料工作,2014,(01):6-11.
[26] 李琰,乔立,于瑾慧.基于成本收益分析的矿工不安全行为影响关系研究[J].煤炭技术,2018,37(11):364-366.
[27] 李琰,于瑾慧.矿工不安全行为成本和收益因素识别与分析:基于扎根理论的探索性研究[J].中国安全科学学报,2017,27(09):152-157.
[28] 李琰,张燕.矿工工作压力对心理社会安全行为的影响机理及实证研究[J].中国安全生产科学技术,2019,15(03):135-140.
[29] 李琰,张燕.PSB与工作压力、工作资源及PSC的关系研究[J].中国安全科学学报,2019,29(01):1-6.
[30] 李琰,张燕,田水承.基于链式中介效应的工作资源与心理安全行为关系研

究[J].西安科技大学学报,2019,39(06):972-978.

[31] 刘梅,等.基于数据驱动的施工安全隐患特征网络分析与预警策略[J].清华大学学报(自然科学版),2023,63(02):191-200.

[32] 吕威建,吕永卫.角色压力对矿工不安全行为的影响研究[J].煤矿安全,2021,52(04):255-259.

[33] 马宇鸥,刘效广.管理者亲社会违规对矿工不安全行为的影响关系研究[J].煤炭技术,2021,40(05):209-212.

[34] 毛翠云,林香,侯文静.新生代员工工作压力对工作绩效的影响——基于心理资本中介作用的实证研究[J].中国集体经济,2018(12):88-91.

[35] 梅强,等.安全文化、安全氛围与员工安全行为关系研究——基于高危行业中小企业的实证[J].系统管理学报,2017,26(02):277-286.

[36] 庞晓华,栗继祖.基于有调节中介模型的组织公平感与矿工不安全行为的关系[J].煤矿安全,2021,52(10):256-260.

[37] 邵辉,等.安全心理与行为管理[M].北京:化学工业出版社,2015.

[38] 沈蕾,张瑞高,俞林.真诚型领导对员工工作繁盛的影响研究——组织支持感和心理资本的多重中介作用[J].软科学,2018,32(04):90-94.

[39] 谭章禄,吴琦.煤炭安全管理可视化方式评价研究[J].煤矿安全,2018,49(02):230-233.

[40] 田水承,匡秘妗,丁洋.风险偏好中介作用下矿工工作压力对不安全行为的影响[J].安全与环境学报,2023,23(01):132-138.

[41] 王海军,王诗珺.煤矿安全管理“自学习”体系建设研究[J].煤矿安全,2020,51(05):249-251+256.

[42] 王建坤,等.大学生学习倦怠对生活满意度的影响——领悟社会支持与心理资本的中介作用[J].中国心理卫生杂志,2018,32(06):526-530.

[43] 王璟,等.煤矿工人安全心理资本量表编制[J].中国安全生产科学技术,2018,28(03):7-12.

[44] 王珏,李昱,李贤功.基于关联规则的矿工不安全行为分析[J].煤矿安全,2020,51(11):290-294.

[45] 王万丽,崔超.煤矿安全生产大数据应用管理系统研究与设计[J].中国煤炭,2018,44(02):91-94+117.

[46] 温九玲,等.工作压力的心理学探讨[J].科学,2017,69(01):41-44.

[47] 许林辉,张辉,刘尚豫.基于 Reason 模型的可控飞行撞地事故危险源分析[J].科技与创新,2021(01):111-113.

[48] 阳富强,谢程宇,林晓航.HFACS 模型在高校实验室安全管理中的应用

[J]. 实验技术与管理,2020,37(10):278-283.

[49] 杨小朋,闫瑞兵,彭莉莉. 大型煤炭企业事故致因模型及对策分析[J]. 中国安全科学学报,2021,31(S1):73-79.

[50] 杨振宏,李盼,王文杰. 基于社会认知理论的事故体验对矿工不安全行为影响研究[J]. 安全与环境学报,2021,21(04):1607-1614.

[51] 余新宇,巫江虹,于仙毅. 基于关联规则的热泵洗碗机干燥过程特性研究[J]. 制冷学报,2022,43(02):115-124.

[52] 张涵,王峰. 基于矿工不安全行为的煤矿生产事故分析及对策[J]. 煤炭工程,2019,51 (08):177-180.

[53] 张建卫,刘玉新. 工作家庭冲突与退缩行为:家庭友好实践与工作意义的调节作用[J]. 预测,2011,30(01):1-9.

[54] 张倩,李恩平. 新生代矿工工作价值观对不安全行为的影响[J]. 煤矿安全,2020,51(02):252-256.

[55] 张叶馨. 组织支持感、自我效能感对不安全行为的影响——以 M 煤矿为例[D]. 太原:太原理工大学,2018.

[56] 赵海颖,李恩平. 基于群体心理资本对矿工个体不安全行为的跨层次影响研究[J]. 矿业安全与环保,2020,47(03):115-120.

[57] 周波,刘志强. 煤矿员工不安全行为预防管理方法研究[J]. 煤矿安全,2020,51(08):260-264.